謎の物質を科学する

ここまでわかった PM2.5 本当の恐怖

2.5μm and under

慶應義塾大学医学部教授
理学博士／医学博士
井上浩義

アーク出版

患者が急増している肺疾患の原因はＰＭ2.5か!?——まえがきに代えて

最近マスコミを賑わしている「ＰＭ2.5」ですが、多くの人の知識は「中国からやってくる、なにやら危ないもの」くらいではないでしょうか。

中国の様子を伝える報道では、相当な健康被害が出ているようだし、近い将来には死亡原因のトップ３に入るとの予測もあって、それこそ「今そこにある、目に見えない危機」といった感じです。

しかし、結論を言ってしまうと、ＰＭ2.5の問題は「今、騒がれている部分ではそれほど恐ろしいものではない」と言えるし、逆に「今、騒がれていない部分で、かなり恐ろしい」と言えます。矛盾した言い方で恐縮ですが、それというのも、マスコミが取り上げているのは「ＰＭ2.5」のごく一部に過ぎないからです。

ＰＭ2.5を最初に取り上げたのは、１９９０年代後半のアメリカで、大気汚染の環境基準として設定されました。日本では、2007年頃から問題が指摘されはじめて、2009年に環境基準が設定されました。

私がPM2.5の人体におよぼす影響を研究し始めて約10年になります。対象としたのは大気汚染だけでなく、「いろいろなルートで体内に入ってくるPM2.5」です。というのは、このPM2.5は中国からやってくるものがすべてではなく、実は私たちの周りに常に存在するものだからです。

「常に存在するものなのに、なぜ今頃になって問題になるの?」

この疑問こそがPM2.5の特徴を示すもので、その答えを本書で解説していきます。

本書を読んでいただくにあたって、まず2つのことを念頭においてください。
(1) 「PM2.5は、とても小さい物質である」こと。
(2) 「PM2.5は、どこにでもある物質である」こと。
「小さくて、どこにでもある」ために、非常に捉えにくく、かつ人の健康に大きな影響を与えるのです。

本書ではＰＭ2.5による健康被害として、呼吸器だけでなく循環器や消化器、あるいは眼や皮膚などについても言及しますが、私がもっとも深刻だと考えているのが、ＰＭ2.5が原因となる肺疾患です。

肺は一度でも疾病を発症して機能を損なうと、回復することがありません。最後は悪い部分を切除するしかないのです。切除すれば、当然呼吸は苦しくなります。

肺は消化器や眼と異なり、言ってみれば出口のない袋ですから、何か異物が入ってしまうと、それが溜まり、肺の機能を損なっていくのです。

最近、突発性肺疾患とか、老化による肺機能の低下などという診断で亡くなられる方が増えていますが、それは最終的な診断であって、その原因はというと、実はよくわかっていないのです。

原因が不明なまま、一方で肺ガンや肺炎、慢性閉塞性肺疾患（ＣＯＰＤ）などの肺疾患で亡くなられる人が急増し、男性では死因のトップになりました。女性でも一位になるくらいの勢いで増え続けています。

その原因として、このＰＭ2.5の関わりが否定できないのです。

肺は、心臓や脳に比べると、これまであまり注目されてきませんでした。それほど重要な臓器と見なされなかったことと、心臓や脳と異なり突然死ということがなかったからです。しかし、健康を考えるうえで欠かせない臓器ですし、そのためにもＰＭ2.5についての正しい知識を身につける必要があると考えます。

肺の疾患というと「私は、タバコは吸わないから大丈夫」といってタカをくってはいけません。かつて日本の喫煙率は50％を超えていました。それが、今では20％以下に減少しています。また、以前はエネルギーとして石炭を使ったり、労働環境も肺に悪い環境（鉱山や工場など）だったり、さらに空気を清浄にするという発想が普及していなかったにもかかわらず、実は現在のほうが肺の疾病は多いのです。

ここに、タバコの３大有害物質といわれるニコチン、タール、一酸化炭素だけではなく、第４の物質として、ＰＭ2.5の存在が重要だと考えるのです。

私は旧来より、薬理学的な立場から、人工的な微小粒子の生体への影響についての研究を進め、またタバコの煙（微小粒子）の影響についても研究を重ねてきました。
本書では医学あるいは化学の立場から大気汚染としてのＰＭ2.5の問題をまとめ、現状の情報共有と問題の提起ができればと思います。

井上　浩義

２０１３年６月

謎の物質を科学する
ここまでわかったＰＭ2.5 本当の恐怖

もくじ

1章 なぜいま「ＰＭ2.5」が騒がれているのか

2章

「ＰＭ2.5」にはどんな特徴があるのか

3章

「PM2.5」の何が問題なのか

4章

「ＰＭ2.5」の脅威からどうやって身を守るか

編集協力◇伊藤寛純
カバー装幀◇石田嘉弘
本文DTP◇丸山尚子

1章

なぜいま「PM2.5」が騒がれているのか

そもそもＰＭ2.5とは何のこと？

よく耳にするようになったＰＭ2.5ですが、そもそもこのＰＭ2.5とはなんでしょうか。

これは大気汚染に関する専門用語で、「ある汚染物質」を定義しています。「ある汚染物質」というのは、用語の前半部分にあるＰＭです。Ｐはパティキュレート（Particulate＝微粒子状）、Ｍはマター（Matter＝物質）の頭文字で、ＰＭとは大気中を漂う固体や液体の小さな「粒子状物質」のことをいいます。

私たちを取り巻く空気（＝大気）の中には実に様々な物質が浮遊しています。身近なものではハウスダストや花粉なども浮遊物の一種ですが、ＰＭ2.5で問題としているのは、それよりもっと小さいもので、その大きさを示したものが、用語の後半部分にある「2.5」です。単位は㎛（マイクロメートル）で、ＰＭ2.5とは「大きさが2.5㎛以下の微粒子」という意味です。

◆これがPM2.5の正体だ！

電子顕微鏡カプセル50倍

電子顕微鏡カプセル200倍

◆肉眼では見ることのできないPM2.5の大きさ

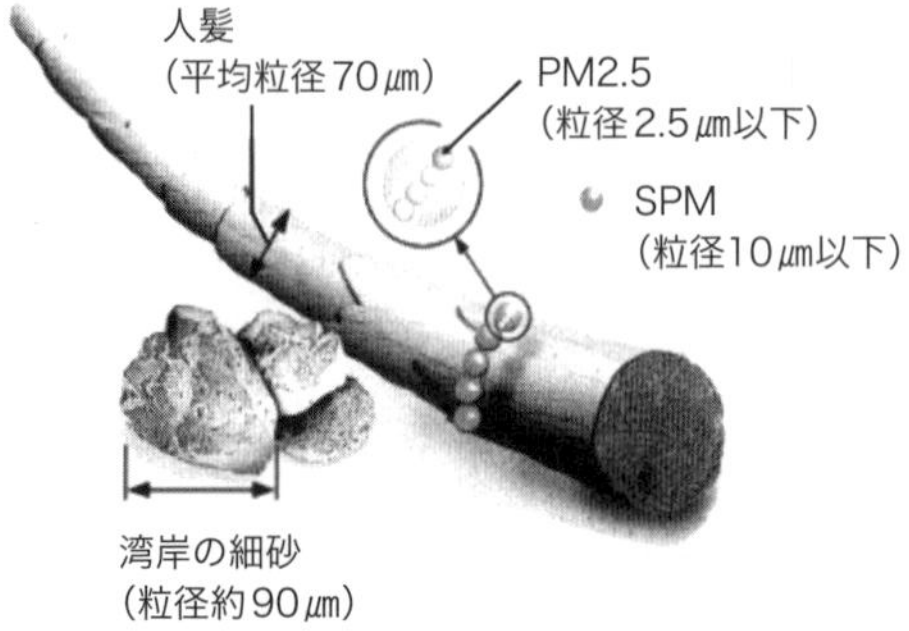

人の髪の毛や砂との比較(概念図)

(出典：USEPA資料　環境省HPより)

どれくらい小さいかというと、1㎛は1㎜(ミリメートル)の1000分の1。髪の毛の太さが、およそ70㎛ですから、その約30分の1ということになります。とても肉眼で見ることができません(上図参照)。

ただ、PM2.5はこのように「粒子の大きさ」だけを示しているので、その粒子がどのような物質かは特定していません。つまりいろいろな種類があるということです。有名なのは中国から飛来する黄砂ですが、それ以外にも液体もあれば固体もあります。またその作られ方も様々です。ここではPM2.5の元となる物質、発生原因について説明しましょう。

◆PM2.5の主な発生場所

PM2.5	発生場所	発生由来	
		自然発生	人為発生
黄砂	砂漠（中国）	○	
飛散土壌	砂漠、田畑、砂浜	○	
火山灰	火山	○	
山火事のばい煙	山	○	
塩、海藻	海岸	○	
花粉、カビ胞子	森林	○	
自動車排気ガス	道路		○
ばい煙	工場、焼却場		○
粉じん	建設現場、炭鉱		○
タイヤ摩耗粉じん	道路		○
たばこ			○
野焼きのばい煙	田畑		○

ＰＭ2.5の発生は、自然によるもの（＝自然由来）と、人間の活動によるもの（＝人為由来）の2つに分けることができます（上表参照）。

自然由来のものとしては、黄砂に代表される土壌や海塩、火山の爆発による火山灰などがあります。これらの粒が細かくなって、風に巻き上げられて空気中を漂えば、すなわちＰＭ2.5になるのです。

中国のように国内に大きな砂漠を有する国では砂漠の砂に由来するＰＭ2.5が多くなりますが、チリのように海に面した国だと、海水が蒸発したあと、塩が風で舞い上げられてＰＭ2.5になることもあります。

◆主な国の硫黄含有量基準値

国	軽油	ガソリン
中国	150ppm	150ppm
米国	15ppm	30ppm
日本・欧州	10ppm	10ppm

◆中国のPM2.5の基準値

	都市部（1級）	半農半牧畜（2級）
1日平均	35μg／㎥	50μg／㎥
1年平均	15μg／㎥	35μg／㎥

また人為由来のものとしては、工場の排煙、自動車の排気ガス、鉱山からの粉じん、変わったものでは野焼きで舞い上がる煙の中にもＰＭ2.5が含まれます。ブラジルのアマゾン流域のような緑豊かなところでもＰＭ2.5問題が起こっているのは、この野焼きが原因となっているのです。

こうした発生原因の比率は、国によって異なります。先進国や経済発展の著しい国では人為由来の比率が高くなりますが、発展途上国では自然由来のものが多くなるのです。

北京のＰＭ2.5の20〜30％は自動車の排気ガスです。北京周辺で走っている乗用車は

◆降り掛かった黄砂のまま北京市内を走る乗用車

車は新しく排ガスはクリーンなのにガソリンの硫黄含有量は高いまま

新しいものばかりで、排気ガスはかなりクリーンです。それなのに汚染がひどいのは石油製品の環境基準が緩いからです。中国のガソリンや軽油の硫黄含有量の基準値は150ppm（ppmは100万分の1の濃度：1kgに0・001gを溶かした濃度）を上限としており、日本の10ppmの実に15倍です（前ページ表参照）。

中国では大気汚染の問題から、石油製品、とくに自動車燃料の品質を日本並にする方針を決め石油企業に指示を出しましたが、全国的に導入するのは2017年末とのことです。

これまでの大気汚染とは何が、どう違うのか

ＰＭ2.5に対する一般的な関心は、中国や韓国の大気汚染物質が、偏西風に乗って日本にも飛来してくるというものでしょう。

過去の日本でも大気汚染や水質汚染など数々の公害問題が発生しました。それら問題とＰＭ2.5は何か違いがあるのでしょうか。

ＰＭ2.5がこれまで日本で発生した大気汚染と違う点は２つあります。１つは複合的な環境問題であること。もう１つは地球規模の国際問題であることです。どういうことか説明しましょう。

１つ目の複合的な環境問題ですが、これまで日本で発生した大気汚染は「パイプエンド型」公害といわれました。公害物質が排水口や煙突などパイプの先端から排出されたからです。

認定患者２０００人を超えた四日市喘息、多くの都民に外出を控えるよう注意報を

出した東京都の光化学スモッグ、裁判での原告が400人を超えた川崎大気汚染など、住民の多くに被害をもたらしたこれら大気汚染の原因は、工場から排出される煙や車の排気ガスなどパイプエンド型でした。そのため汚染を解消するには四日市なら石油コンビナートの操業を短縮したり、煙に基準を設ければよかったですし、川崎や東京都においては幹線道路を別に作ったり排ガス規制を強めることで公害を止めることができたのです。

ところがPM2.5の発生は、原因が複数です。「黄砂」以外にも工場の排煙や自動車の排ガスからも発生するし、中国からだけではなく、日本国内にも発生源があります。どこか1つの原因を解決すればそれですむという問題ではないのです。

2つ目は、問題が地球規模のテーマだということです。

かつての日本の大気汚染は「四日市」「川崎」というように発生した地域が限定されていました。

ところがPM2.5は黄砂にしても、発生するゴビ砂漠は、中国の内モンゴル自治区からモンゴルにかけて広がっています。飛散する範囲も中国本土はもとより、韓国、日

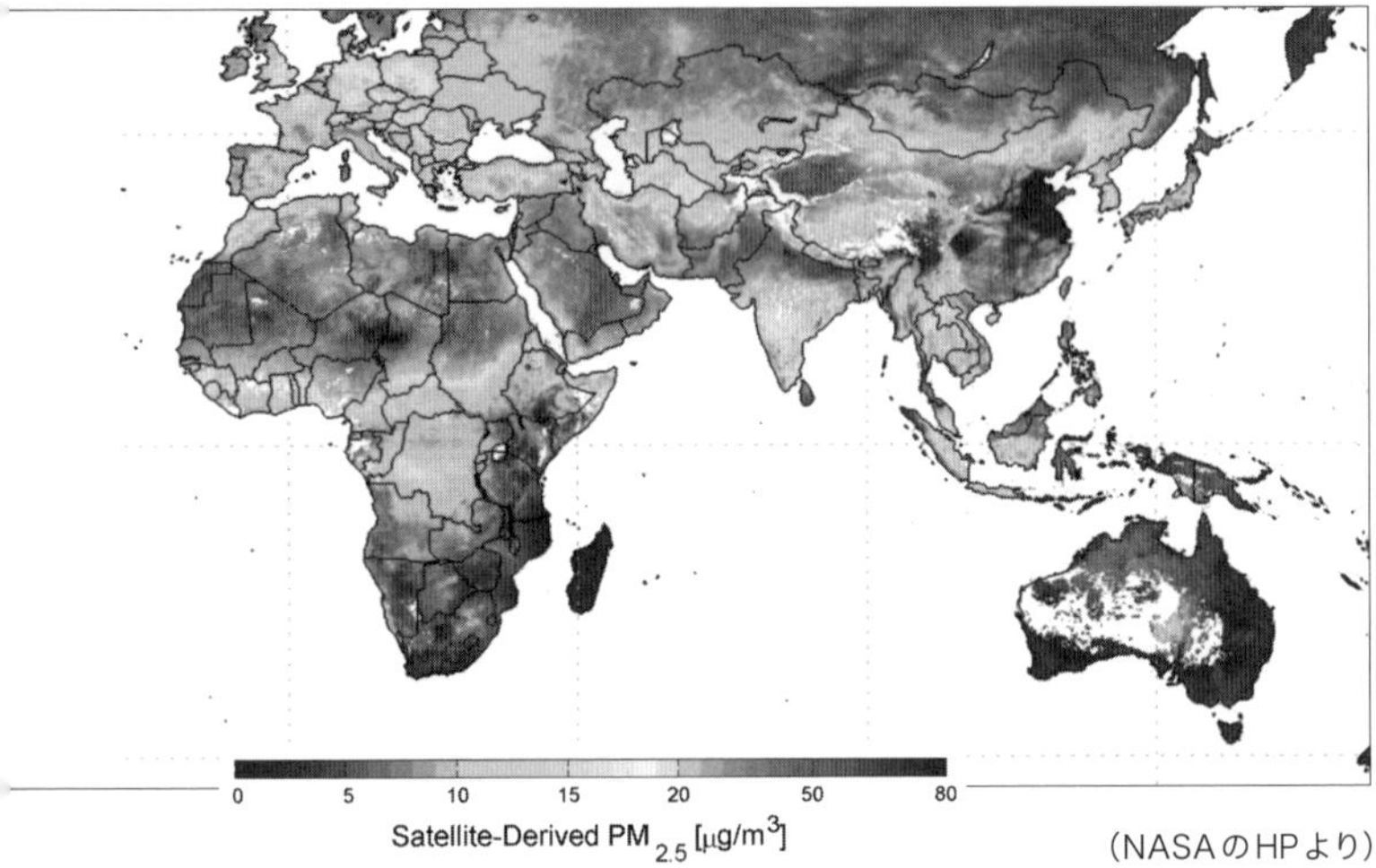

（NASAのHPより）

本といった東アジア諸国だけでなくアメリカ大陸にも達しています。

実際、NASAが発表しているPM2.5の分布図をみると（上図参照）、アフリカのサハラ砂漠で発生したものは北アフリカ全体を覆い、ヨーロッパやアメリカ国内でも発生するとともに、NASAの図では認識できないのですが北極や南極にまで飛来しているのです。まさに地球規模での問題であることがわかります。

このため、後述するように日中

◆地球規模に拡大するPM2.5の被害

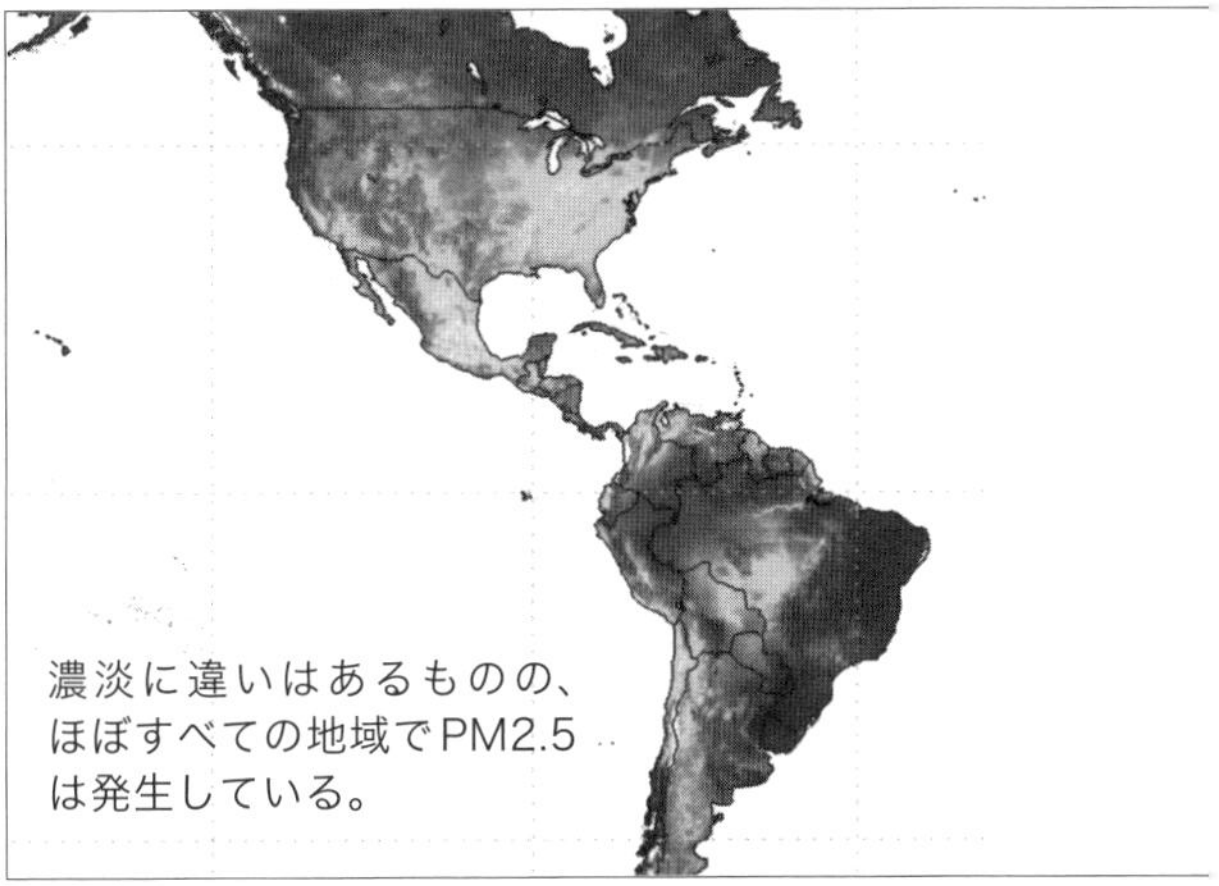

濃淡に違いはあるものの、ほぼすべての地域でPM2.5は発生している。

韓による北九州市での高官会談や大気汚染の一環として世界保健機構（WHO）や経済協力開発機構（OECD）などもこの問題に取り組んでいます。

一方で、世界の人口増による食糧増産や発展途上国の近代化で、大気汚染はそのまま国際経済問題ともなっており、単に各国に対策を求めるだけでは効果を得ることができない状況となっています。

えッ!? ＰＭ2.5は日本でも発生しているの？

ＰＭ2.5がとくに話題になったのは今年の2～3月にかけて。黄砂とともに飛来するというものでした。

目に見えず、臭いもない、いままで聞いたこともないＰＭ2.5という得体の知れない物質が海を渡ってやってきて、人の健康に害を及ぼすというのです。正体不明の謎の物質だけに心理的な不安は高まりました。

しかし、これまで述べたように、ＰＭ2.5とは単に小さい粒子のことで、その発生源はさまざまです。人間が石油や石炭を燃やしたり、物を粉砕したりすれば、かならず発生します。あえて言えばＰＭ2.5を発生させていない国はないといえるでしょう。問題はその濃度、発生量、そして種類です。

中国では、人為由来によるものと自然由来によるものとの比率が4対6といわれます。自然由来の代表である黄砂は広範囲に被害をもたらしますが、人為由来による被

◆身近なPM2.5の粒子写真（レーザー顕微鏡写真）

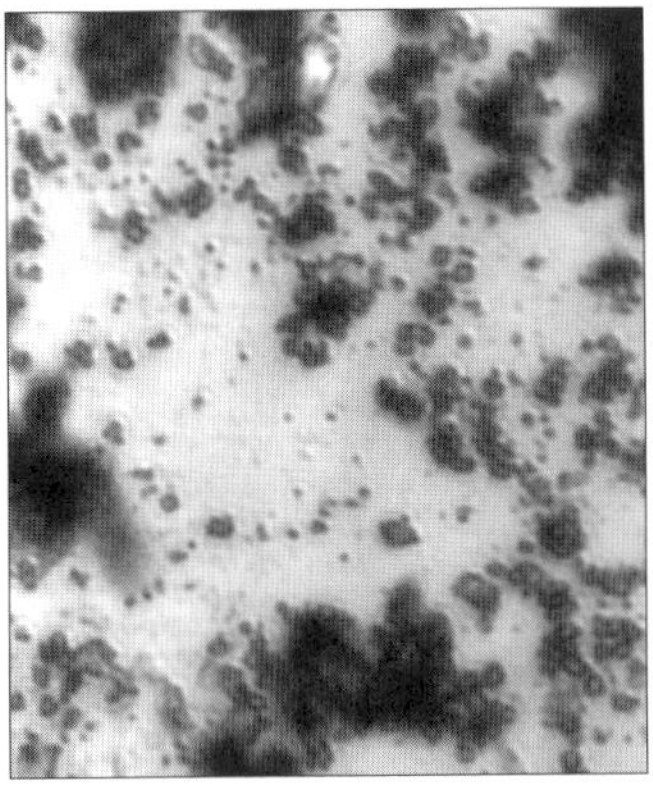
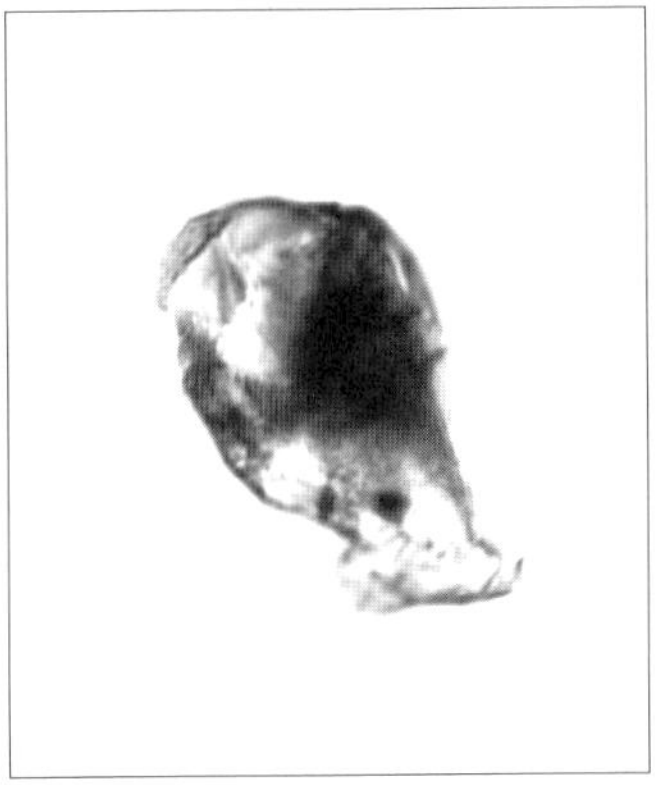

左：海塩と海藻腐敗物　右：桜島の火山灰。
いずれもフレームの大きさが50μm

害も大きいため、それほど比率が高まりません。一方、日本では、排ガス規制など公害対策が厳しいため、人為由来による被害が抑えられ2対8と自然由来の比率が高まります。

なお、日本で人為由来の大きな原因となっている自動車の排気ガスは、規制の効果もあり一台あたりの発生量は少ないのですが、国土の広さに対する車の密度が高いため、結果として数値は高くなっています。また、発電所や工場での有害な排煙は規制され、浄化設備も整備されているので、こうした場所からの発生も抑えられています。

日本国内での自然由来の代表は、火山の噴火による噴煙や降灰によるものです。日本各地に設置された測定地は北海道から沖縄まで全国500ヵ所以上（2013年5月末現在）に及びますが、その中に桜島がある鹿児島が含まれるのはそのためです。

森林伐採による農地開発でもＰＭ2.5は発生しますが、日本の農地は水田が多く、灌漑がしっかりしているため、巻き上げられる土砂の量が少なく抑えられています。

日本にはそもそも広大な砂漠や乾燥地帯がなく、緑が豊かで湿潤な気候風土であることから、黄砂のように大量にＰＭ2.5を発生させる自然的要因がいまのところ火山活動に限られています。

さらに、四方を海に囲まれ、風の流れが良いため、中国やアメリカといった大陸国家の内陸地にくらべてＰＭ2.5はとどまりにくいといえます。

欧米ではＰＭ2.5にどう対処しているの？

ＰＭ2.5が大きく取り上げられるようになったのは、中国にあるアメリカ大使館員がツイッターを使って北京市のＰＭ2.5の濃度を発信したことに始まります（50ページコラム参照）。情報は世界中をかけめぐり、それは現在も続いていて、データは日々更新されています。日本では、これから約1年遅れて注目を集めるようになったのです。

北京には多くの外国大使館がありますが、アメリカが他国に先駆けてこうした対応にでたのは、アメリカ自身にＰＭ2.5の厳しい環境基準があったからです。

アメリカがＰＭ2.5の基準を設けたのは１９９７年のことですが、それ以前から、自動車の排気ガスに含まれる粒子状物質が人の健康に害を与えるとして、世界に先駆けて規制を強化していました。１９７１年のことです。しかしこのときは粒子の大きさまでは特定せず、大気中に漂っている全浮遊粒子物質を対象にしたのです。

◆PM2.5に対する各国の環境基準

	基準期間	PM2.5の濃度
日本（2009）	24時間	35㎍／㎥
	年平均	15㎍／㎥
アメリカ（2006）	24時間	35㎍／㎥
	年平均	15㎍／㎥
WHO（2007）	24時間	25㎍／㎥
	年平均	10㎍／㎥
中国2016年実施（1級基準）	24時間	35㎍／㎥
	年平均	15㎍／㎥
EU（2005年改定提案）	24時間	—
	年平均	25μg/㎥

環境省「欧米における粒子状物質に関する動向について」より作成
※24時間：1日平均の濃度
※年平均：1年間平均の濃度

その後、87年になってようやく「大きさ」が疾病と関わりを持つことが解明され、最初にPM10（10㎛以下の粒子）が制定され、その後、より小さい粒子のほうが人体への影響が大きいことがわかり、新たにPM2.5という基準が追加されたのです。

上表はアメリカとその他の国の環境基準を示すものです。単位は㎍（マイクログラム。1マイクログラムは100万分の1グラム）で、これは1㎥（立方メートル）あたりのPM2.5が何

μg以下を安全とするかを示します。24時間とあるのは1日平均の量で、年平均とは1年間を通しての基準です。なぜ24時間、年平均という値が生まれたかというと、1日の変動が大きく、年間を通しても多寡が大きいためです。

アメリカの基準は2006年のものです。当時としては厳しかったのですが、最近ではより強化したものに見直され、2012年末に年間平均値を12μg／㎥に変更しています。

アメリカの対応が進んでいるのは、建築業界や鉱山業界などで、浮遊微粒子が原因の呼吸器や循環器の患者が多数発生したからです。国土が広く内陸地も多いアメリカでは、建築物の解体現場や鉱山の採掘現場の環境が悪く、PM10やPM2.5を多量に発生させていました。そのため対応も早くからとられてきたのです。

表にある基準の数字をみるとWHO（世界保健機構）がもっとも厳しいのですが、これは目指すべき「指針」であり、いってみれば希望的数値。実行については各国が独自に定めるとしています。

また、EUではいろいろな国があるため、国家間にかかわる問題を解決するためには「司令」という仕組みをとっています。司令が発効されると、加盟国は実現するために、それぞれ国内で法律を整備し、実行していかなければなりません。現在、2005年に改定提案がなされたままで、司令の発効には至っていません。EUの中でもっとも進んでいるのはドイツで、憲法の中に環境保護の条項を持つほど、市民レベルでの意識が高いといえます。

問題の中国です。中国のPM2.5の主な発生原因は、排ガス、黄砂、工場排気ですが、それぞれ各都市あるいは季節によって割合が異なり、簡単に止めるのは容易ではありません。たとえば、中国で精製している自動車燃料を日本のレベルまで上げるには、倍のコストがかかるといわれています。

中国は環境改善に向けて2012年2月に「環境空気質量標準」という基準を発布しました。2017年末までの実施を目指したものです。

PM2.5についてはアメリカ、日本に準じたものとなっています。大都市や重点地域の北京、天津、河北、長江デルタでは2012年末から前倒しで実施するとしていますが、実際には効果は出ていません。

日本の基準値はどれくらい?

アメリカや欧米でＰＭ2.5に対する環境基準が設定されたのは１９９０年代ですが、日本の設定は大分遅れました。「環境基本法」にもとづいて設定されたのは、平成21年（２００９年）になってからです（次ページ上表）。

それまで日本には、ＰＭ2.5とは別にＳＰＭ（Suspended Particulate Matter：浮遊粒子状物質）という独自の基準があって、工場から排出される煤塵やディーゼル車から排気される10㎛以下の物質を対象としていました（前項で述べたようにアメリカでも当初はＰＭ10を対象にしていました。ＰＭ10にはＰＭ2.5が含まれます。アメリカの論文によるとＰＭ10はＰＭ2.5の概ね2倍観測されるそうです）。

ＰＭ2.5の基準を定めるにあたっては、研究がもっとも進んでいるアメリカの成果を参考にしています。ただ、データが少ないため、本当にこれで国民の健康を守れるかは確かではありません。

◆環境省が設定したPM2.5とSPMの基準値

	PM2.5 微小粒子状物質	SPM 浮遊粒子状物質
環境基準	1年平均値が15㎍／㎥以下であり、かつ、1日平均値が35㎍／㎥以下であること。	1時間値の1日平均値が0.10㎎／㎥以下であり、かつ、1時間値が0.20㎎／㎥以下であること。
環境基準告知	平成21年9月9日 「微小粒子状物質による大気の汚染に係る環境基準について」	昭和48年 (環境庁告示第25号) 「大気の汚染に関わる環境基準について」
備考	微小粒子状物質とは、大気中に浮遊する粒子状物質であって、粒径が2.5㎛の粒子を50%の割合で分離できる分粒装置を用いて、より粒径の大きい粒子を除去した後に採取される粒子をいう。	浮遊粒子状物質とは大気中に浮遊する粒子状物質であってその粒径が10㎛以下のものをいう。

◆注意喚起のための暫定的な指針

レベル	暫定的な指針となる値 日平均値 (㎍／㎥)	行動のめやす	備考 ※3 1時間値 (㎍／㎥)
II	70超	不要不急の外出や屋外での長時間の激しい運動をできるだけ減らす。 (高感受性者※2においては体調に応じて、より慎重に行動することが望まれる。)	85超
I	70以下	特に行動を制約する必要はないが、高感受性者は、健康への影響がみられることがあるため、体調の変化に注意する。	85以下
(環境基準)	35以下 ※1		

※1 環境基準は環境基本法第16条第1項に基づく人の健康を保護する上で維持されることが望ましい基準
PM2.5に係る環境基準の短期基準は日平均値35㎍／㎥であり、日平均値の年間98パーセンタイル値で評価
※2 高感受性者は、呼吸器系や循環器系疾患のある者、小児、高齢者等
※3 暫定的な指針となる値である日平均値を一日のなるべく早い時間帯に判断するための値

◆アメリカが設定している大気状態レベル

PM2.5 (μg/㎥)	空気の状態		内 容
0-50	良好	good	空気の状態はほぼ問題なく、大気汚染の危険はほとんどない。
51-100	許容範囲	moderate	空気の状態は許容範囲。しかし、特に敏感な人は健康に影響があることもある。
101-150	弱者に危険	unhealthy for sensitive Groups	一般の人には影響はほとんどない。循環器や呼吸器に疾患のある人、また高齢者や子供は影響を受けることもある。
151-200	危険	unhealthy	普通の人でも健康被害を受けることがある。特に敏感な人は重大な影響を受けることもある。
201-300	とても危険	very unhealthy	誰もが健康被害を受ける危険性がある。
300-500	緊急事態	hazardous	緊急状態で、すべての人が影響を受ける危険性がある。

さらに環境省では、これを元にして、今年2月に「注意喚起のための暫定的な指針」を示しました（前ページ下表）。これは環境基準の数値から、環境省、および地方の行政機関が「注意喚起」などの情報を発信するための目安として作られたものです。

この指針も「暫定」と謳っているとおり、根拠となるデータが少ないのが現状です。

アメリカは日本より早く同様の基準を作っています（上表参照）。アメリカは日本より厳密に影響の大きさを数値化しているといえます。日本に比べてこのような多段階の設定をしているのは、日本に比べて高濃度の都市が多かったこと、およびＰＭ2.5を始めとする大気汚染の研究が進んでいるからです。

　こうした基準設定は、厳しくすればするほど安全は確保されるものの、実現するためのハードルは高くなります。かといって低く設定すると、健康被害者を出すことになりかねません。いずれにしても、現状ではＰＭ2.5についてのデータが少なく、各国手探りの状況です。

なぜ、いまPM2.5が問題になっているの？

これまで述べたようにPM2.5にはさまざまな物質がありますが、今年になってクローズアップされたのは黄砂の影響が大きいからでしょう。

中国から送られてくる黄砂被害の凄まじい映像と、それに続いて日本でのPM2.5の濃度が高まる日が続いたことで、その関連性が注目されました。黄砂は飛来の時期がわかりやすく、また実際、多くのPM2.5が含まれているので一緒に語られるのです。

黄砂とPM2.5についてまとめておきます。

黄砂は、地質学的には有史以前から日本に飛来してきていたことがわかっていますし、江戸時代になると様々な記述が残っています。

黄砂による被害としては、視界の悪化による航空機の運行障害、家屋・自動車・洗濯物などへの付着、精密機械工場での不良品の増加、送電線に積もることによる停電の発生などが報告されています。農作物については、飛来の時期が植え付け時期と重

◆黄砂の年別観測日数

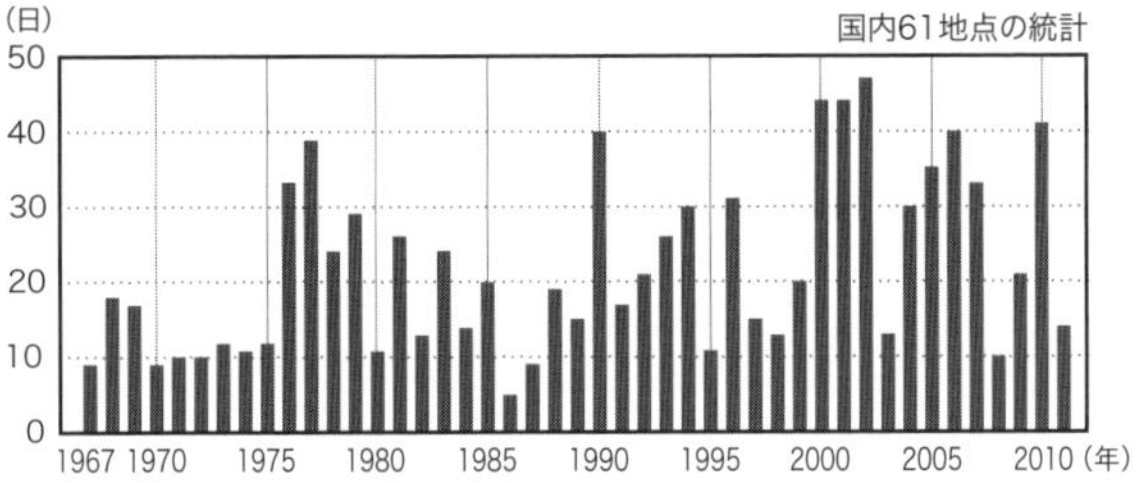

◆月別黄砂観測日数 平年値

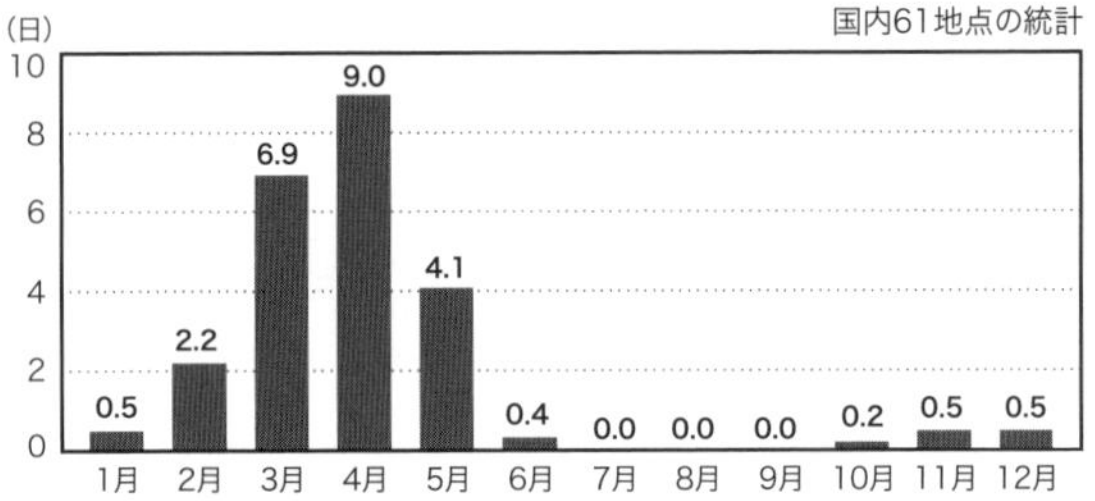

月別黄砂観測日数平年値――目視観測を行っている61地点で、黄砂現象が観測された日数を月別に集計し、1981年から2010年の30年で平均した値

(いずれも気象庁のHPより)

なるためか甚大な被害はないと考えられます。いずれも「大きい粒」の量が問題で、「小さい粒＝PM2.5」については注目されていませんでした。

気象庁は、1967年から黄砂の飛来日数の観測を行っていますが、年によって大きく変動しています。これまでで一番多かったのは2002年の47日でした。年間の黄砂飛来時期では4月が9.0

日でもっとも多く、ついで3月、5月が多くなります。

黄砂の飛来は、中国からやってくるＰＭ2.5の状況を知る一つの手がかりです。偏西風が強く吹き、黄砂が多く飛来すると、それと共にＰＭ2.5も増えていきます。今年の1月から2月にかけて日本各地でＰＭ2.5の濃度が上がりました。これは日本で発生するＰＭ2.5に、中国からやってきたＰＭ2.5が加わったからです。

こうした中国の影響は、東日本より西日本、さらには九州が大きく、また地形の影響も受けます。たとえば、熊本県は阿蘇山系を背にしているため、運ばれてきたＰＭ2.5が留まりやすいところです。実際、今年の3月には、全国で始めて「注意喚起」の情報が流されました（5日）。この日は偏西風が強くなり、中国からＰＭ2.5が飛来することが予測されました。特に数値の高かった荒尾市では午前5時に91㎍／㎥を示し、最高で110㎍／㎥に達しました。この日、荒尾市では1日の平均が59・4㎍／㎥という数値になりましたが、その後も3月8日、9日と40㎍／㎥を超えています。

厳密にはどこまでが中国由来か不明ですが、中国からのＰＭ2.5は今後も増加が予想されるので、注目していく必要があります。

PM2.5問題はいつまで続くの？　収束するメドはある？

◆問題はますます大きくなり、予報が出るようになる

PM2.5問題は、今後もなくなることはなく、ますます大きくなっていきます。というのも、この問題が人口問題にも関連しているからです。人口が増えれば農地が必要になり、産業活動は拡大します。

中国を例に紹介しましょう。

中国では黄砂を発生させる砂漠化が北京近郊まで広がっています。今後しばらく中国の人口は増加し、そのための食糧やエネルギーが必要となります。現在、中国は食糧輸入国になっていますが、国内の食糧生産を高める必要があるわけです。電力と灌漑を目的とした三峡ダムは完成したものの、灌漑路ができていないので、実際には機能していません。

中国は、植樹よりも灌漑で砂漠化を抑え、黄砂を減少させようとしていますが、三

峡ダムの水源となる揚子江の水は雪解け水で季節性があるため、秋から冬は乾燥してしまいます。また、そもそも灌漑自体が、自然の水系を破壊し、さらには灌漑の水が蒸発することで塩害につながることもあり、砂漠化を食い止める方法としては疑問視されています。

世界的にも、今後は化石燃料の高騰や減少に伴って、別のエネルギーが利用されることになるでしょう。太陽光発電や風力発電だけでエネルギーをまかなえる国は少なく、多くは石炭や木材資源を利用することになるはずです。すでに日本では、石油の値上がりで、火力発電の燃料を石炭にする動きが出ています。石炭は石油ほど浄化し易い燃料ではなく、その場合、ＰＭ2.5の発生は、さらに多くなります。

当然、排煙や排気ガスなどに対する規制は世界各国で強まっていくでしょう。もちろん、日本にしても同様の動きが出てくるはずです。なお、ここで日本の大気の状態に触れておきます。

四日市や川崎の大気公害が騒がれなくなり、また、排ガス規制や排煙の規制などもあり、日本の空気はキレイであると思われがちですが、実は、そうでもありません。

ＰＭ2.5を含む大気汚染が越境型であり、また、身近なところにも発生源があるために、大気汚染はいまも問題であり続けているのです。日本の空気はキレイになっているわけではないのです。

その点からいえば、天気予報の際に、季節によって花粉情報や紫外線情報を流すのと同様に、秋からは春にかけては数値が上がるＰＭ2.5についても取り上げられることが必要だと考えます。

◆肺疾患急増の陰にＰＭ2.5がある

ＰＭ2.5と健康被害の内容については後述しますが、なかでも気をつけておくべきことが「肺」です。

ここ近年、肺の疾患による死亡が急激に増えています。平成22年の主な死因別死数の割合をみると、「悪性新生物」「心疾患」「脳血管疾患」「肺炎」の順になっています（次ページ表参照）。悪性新生物とはガンのことですが、このガンを部位別にみると、肺ガンによる死亡率が高く、肺ガンと肺炎、さらに慢性閉塞性肺疾患（ＣＯＰＤ）を

◆平成22年度性別にみた死因死亡率(人口10万人対)

	男		女	
悪性新生物	(1)	343.4	(1)	219.2
心疾患	(2)	144.2	(2)	155.2
脳血管疾患	(3)	103.2	(3)	97.6
肺炎	(4)	97.7	(4)	85.4
老衰	(5)	38.9	(5)	53.3
不慮の事故	(6)	34.2	(6)	25.9
自殺	(7)	20.6	(8)	13.2
腎不全	(8)	17.9	(7)	19.6
慢性閉塞性肺疾患	(9)	17.5	—	
肝疾患	(10)	17.2	—	
大動脈瘤及び解離			(9)	10.7
糖尿病			(10)	10.5

( )内数字は男女それぞれの順位

◆平成22年悪性新生物の主な部位別にみた死亡率(人口10万人対)

	男	女
胃	53.5	26.5
肝	34.9	17.4
肺	81.8	30.0
大腸	38.8	31.4
乳房	—	19.2
子宮	—	9.1

(「平成22年人口動態統計月報年計(概数)の概況(厚生労働省)」より作成)

合わせた「肺の疾患」による死亡はトップになります。

肺は肝臓と同じく「静かな臓器」と言われます。少々痛んでもすぐに症状が出ません。症状が出た時はすでに手遅れという状態も多く、悪い部分を切除するしか方法がないのです。

この肺疾患の増加は、PM2.5に代表される環境大気汚染、あるいは建材などに使われている化学物質であると指摘する人も多くいます。

肺の機能が加齢とともに低下するのはやむを得ません。しかし、若年の頃よりＰＭ2.5が肺内で蓄積され、老化に併わせてそれが疾病につながることが考えられます。

これから世界中が高齢化社会を迎えます。これまで目立たなかった呼吸器疾患がクローズアップされるようになるでしょう。

ＰＭ2.5は昨年からトピックス的に取り上げられていますが、今後は、世界中で注目され、対策が必要とされる問題となることでしょう。

column

自分が知りたい地域の測定値も簡単に知ることができる

PM2.5について環境省が定めた基準値は1日平均35μg／㎥ですが、実際の測定値は地域や時間帯によってかなり差があります。PM2.5に関する情報は環境省や気象庁のホームページ、また各市区町村のホームページで見ることができます。そうしたデータによると、中国の黄砂の影響によるPM2.5は、東日本より西日本の方が高く、さらに山陰地方や九州地方が高くなります。

◆環境省大気汚染物質広域監視システム〈そらまめ君〉

(http://soramame.taiki.go.jp/DataMap.php?BlockID=08)

過去1週間分のPM2.5の状況を時系列でみることができます。日本全国にある観測地点でPM2.5の濃度が5μg／㎥以下なら青、36μg／㎥以上なら赤と6段階に色分けして表示してあります。地図をクリックすると、5日

◆日本全国にある観測地点のデータが見られる「そらまめ君」のHP

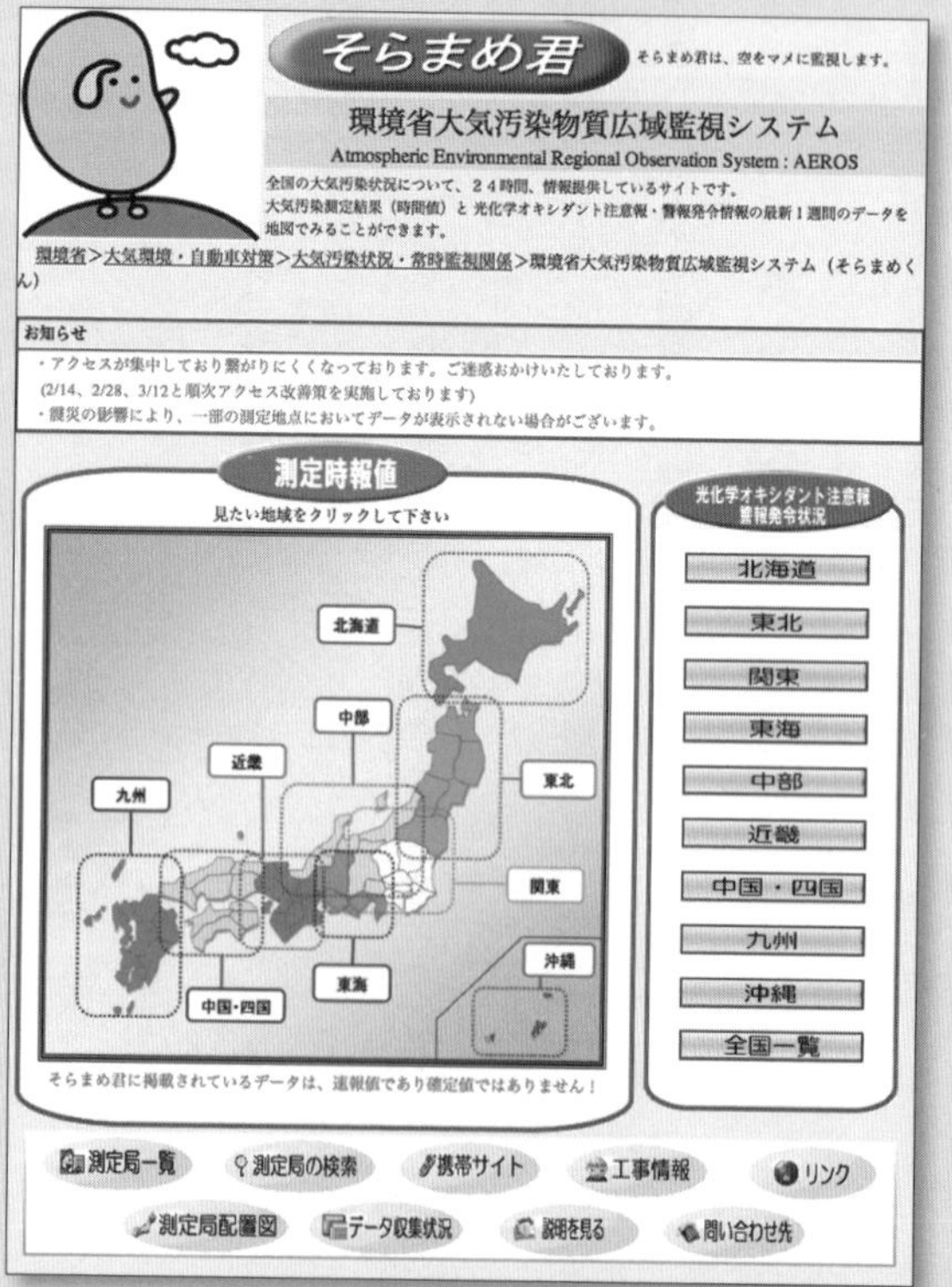

（環境省のHPより）

前からのＰＭ2.5の値が1時間ごとに示されます。もし赤色に表示されていれば環境基準値を超えたことになります。

なお、〈そらまめ君〉ではＰＭ2.5以外の大気汚染物質（二酸化硫黄や一酸化窒素など）の情報も見ることができます。

◆ＰＭ2.5に関する情報

(http://www.env.go.jp/air/osen/pm/info/process_01.html)

環境省のホームページでは西日本の各都市を中心に（鹿児島、熊本、福岡、山口、広島、島根、大阪、東京）過去３ヶ月のＰＭ2.5の濃度の推移を公表しています。これを見れば、各地域で濃度がどのように変移したかを知ることができます（各都市の数値を51ページ以下に記載）。

ちなみにこの原稿の執筆時（2013年5月現在）で公表されているのは2013年2月から5月までです。やはり3月が多く、その後減少していきますが、ゴールデンウイークあたりで再び増加しています。また、九州や山陰にくらべて東京の濃度は低くなっています。

◆環境省・黄砂飛来情報〈黄砂〉

(http://soramame.taiki.go.jp/dss/kosa/index.html)

黄砂情報のホームページです。「ライダー」というレーザー光を使った測定装置で黄砂の濃度を測り、たとえば9時から10時までのデータなら10時20分にアップされます。

黄砂について地表付近や高度別の濃度、モデル計算による黄砂の予想分布がわかります。

気象庁は、1967年から黄砂の飛来日数の観測を行っていますが、年によって大きくかわります。本文で述べたようにこれまでで一番多かったのは2002年でした。また、2000年代に入って、観測の延べ日数(観測した観測所の合計日数)は、それ以前に比べて多くなっています。

◆レーザー光を使って黄砂の飛来状況を知らせるHP

（環境省のHPより）

◆BeijingAir（「北京の空」の意）

北京米国大使館(朝陽区)におけるPM2.5濃度数値を1時間ごと1日(24時間)の平均値を公表している。

◆BeijingAir

（https://twitter.com/BeijingAir）

　中国北京にあるアメリカ大使館職員がツイッターで発信している北京のPM2.5情報です。昨年の北京PM2.5問題の口火をきりました。1時間ごとに情報が更新されています。これによれば、現在（6月1日現在）でも、300㎍/㎥近くの濃度があります。

全国30カ所PM2.5濃度（速報値）の推移

（平成25年3月〜）

九州から東京都内まで今年の3月1日から5月30日までのPM2.5の推移を示す。3月、4月に国の基準値35μg／㎥（図の中ほどにあるライン）を超えた地域が西日本を中心に数多くある。一方で、黄砂の飛来が収束しつつある5月にも基準値を超えた地域があることがわかる。

（環境省のHPより）

鹿児島県霧島市霧島
（旧：鹿児島県霧島市国分中央公園）

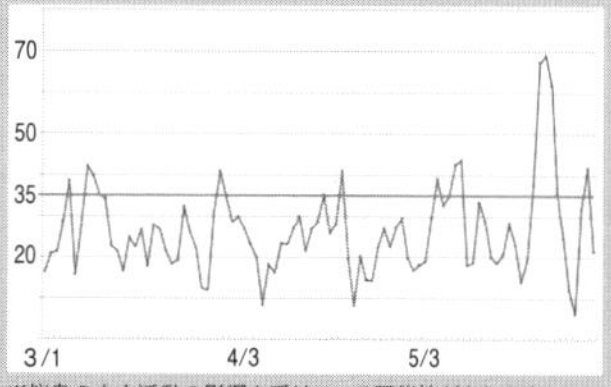

※桜島の火山活動の影響を受けている可能性があります。

熊本県八代市八代市役所

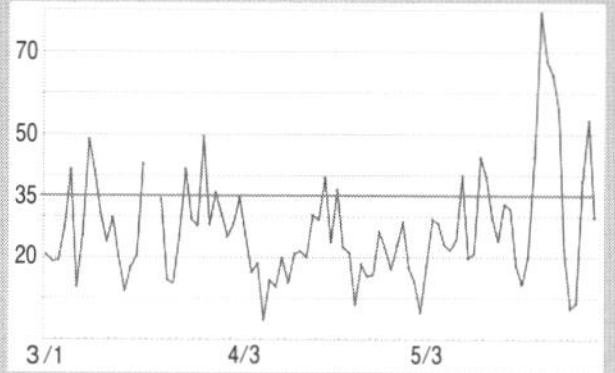

熊本県菊池市菊池市役所

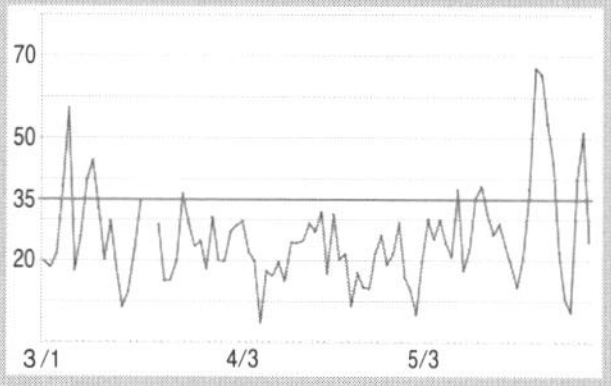

鹿児島県鹿屋市鹿屋

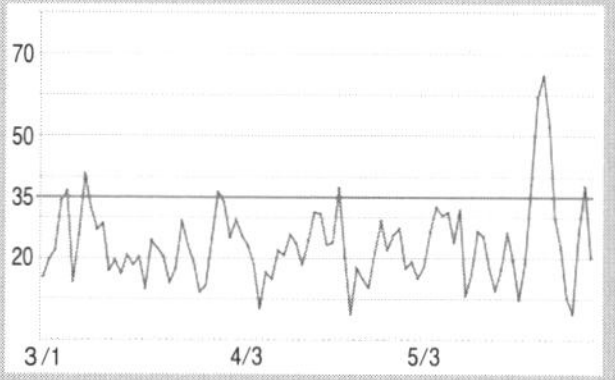

※桜島の火山活動の影響を受けている可能性があります。

熊本県益城町役場

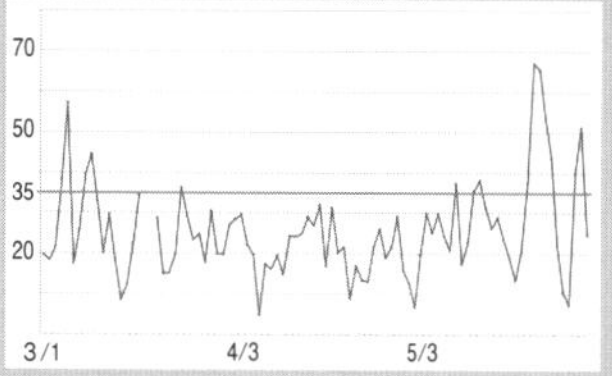

鹿児島県いちき串木野市羽島

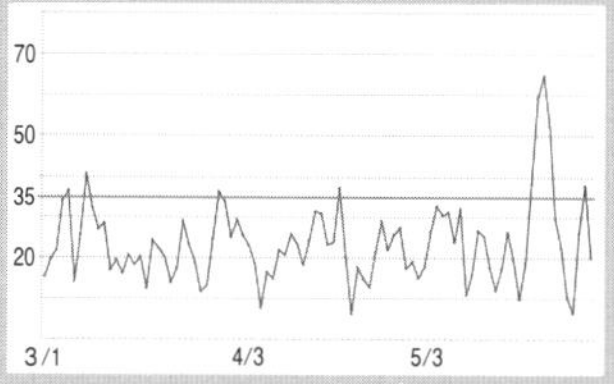

※桜島の火山活動の影響を受けている可能性があります。

福岡市中央区福岡市役所

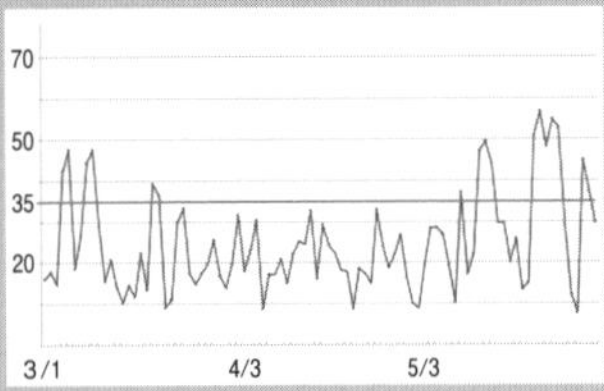

熊本県荒尾市荒尾市役所

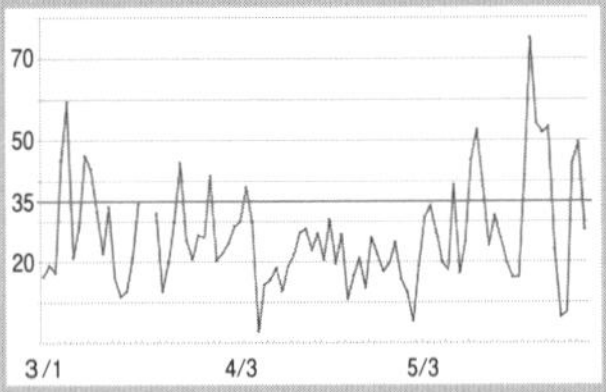

福岡市西区元岡

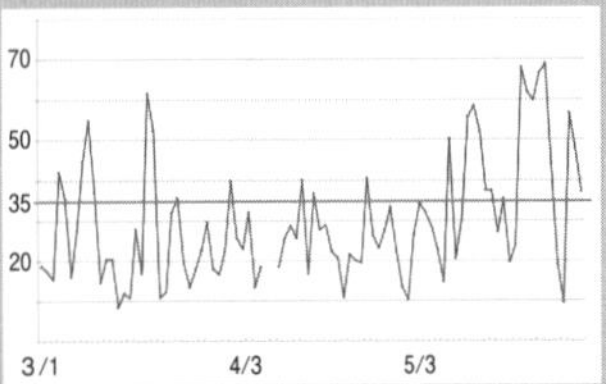

熊本県玉名市有明保健所

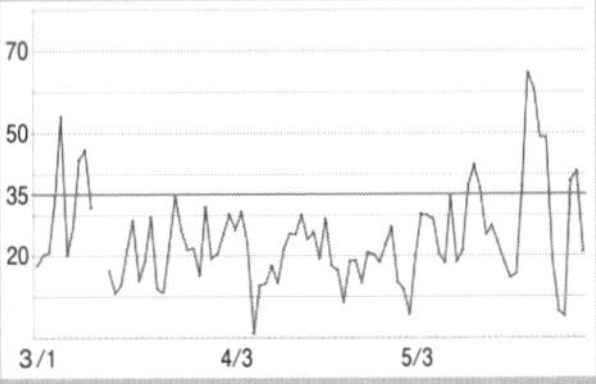

山口県光市光高校

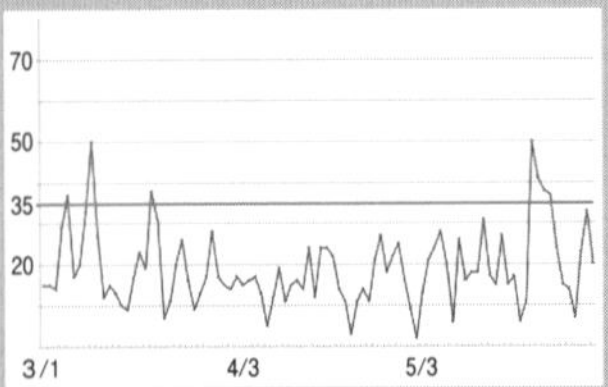

福岡市東区香椎

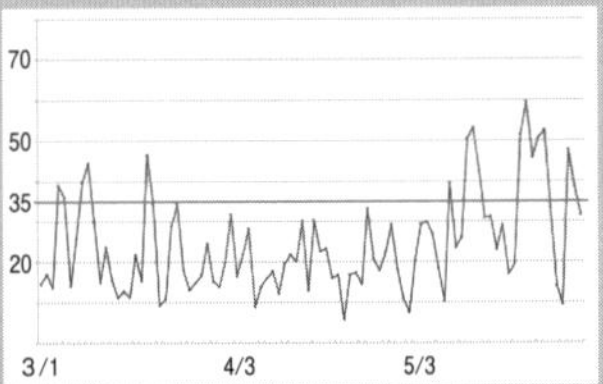

山口県宇部市宇部総合庁舎

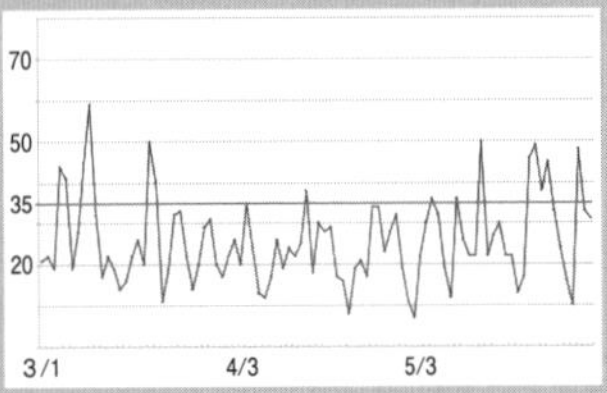

福岡市博多区吉塚

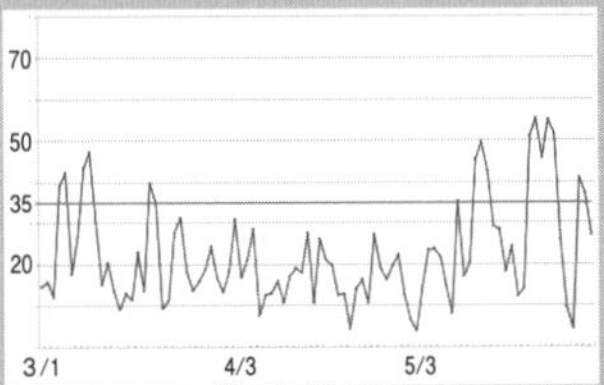

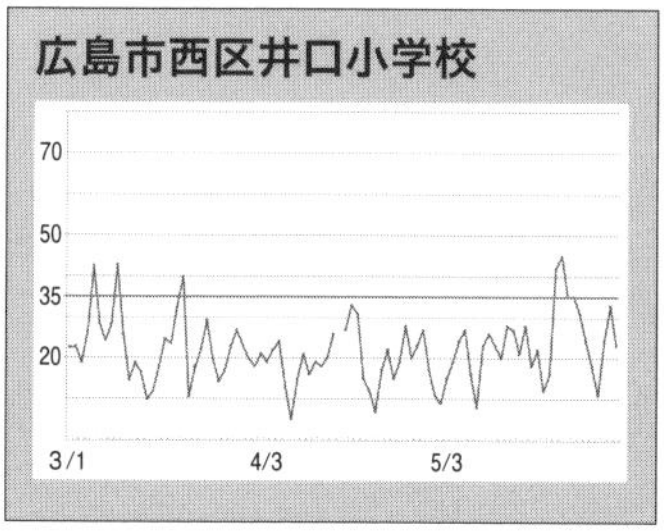
広島市西区井口小学校
70
50
35
20
3/1
4/3
5/3

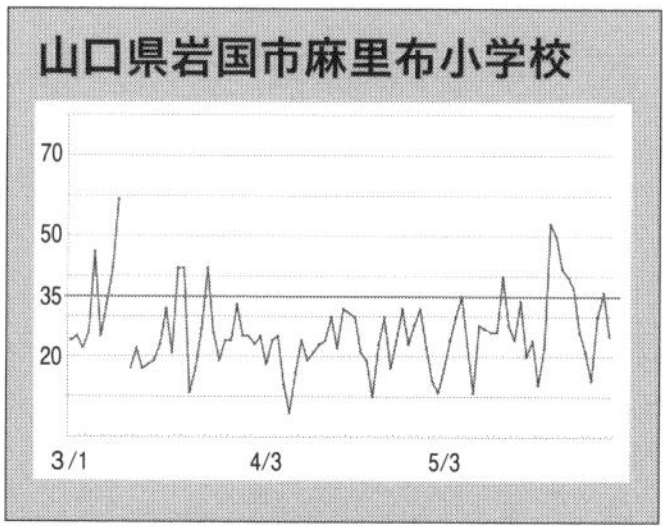
山口県岩国市麻里布小学校
70
50
35
20
3/1
4/3
5/3

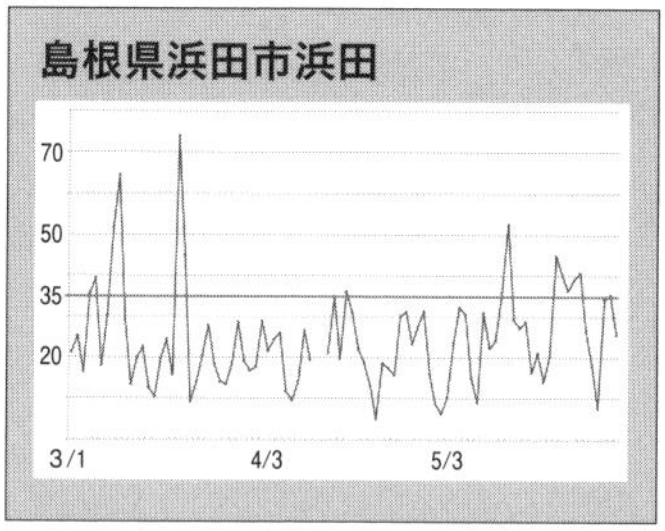
島根県浜田市浜田
70
50
35
20
3/1
4/3
5/3

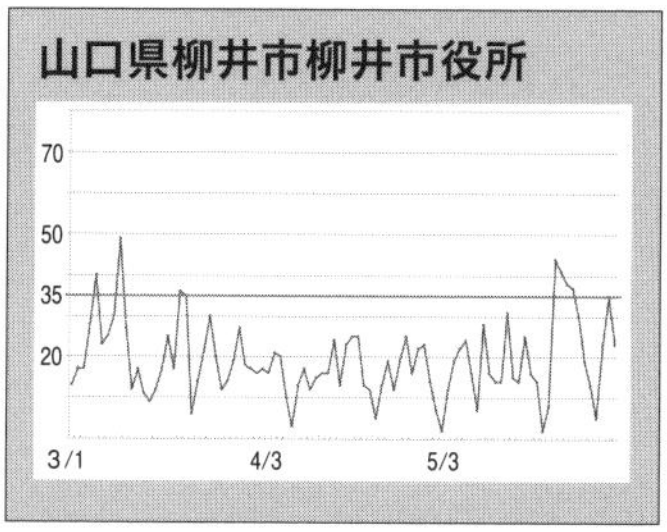
山口県柳井市柳井市役所
70
50
35
20
3/1
4/3
5/3

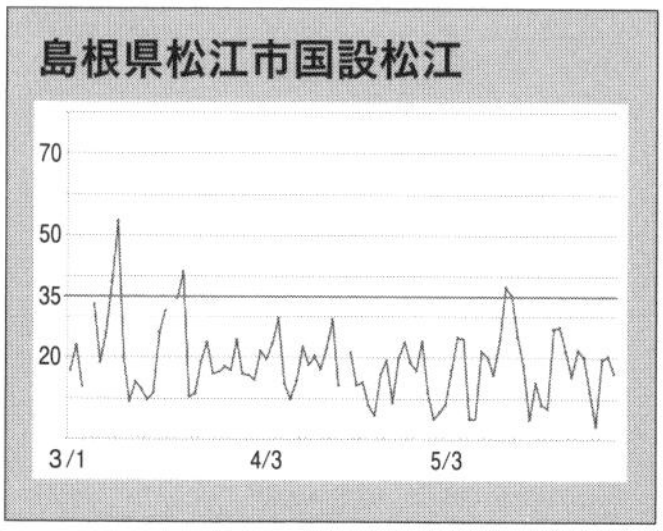
島根県松江市国設松江
70
50
35
20
3/1
4/3
5/3

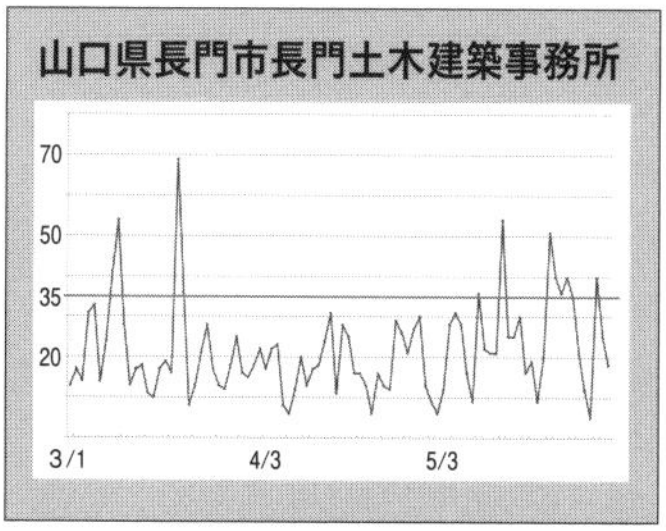
山口県長門市長門土木建築事務所
70
50
35
20
3/1
4/3
5/3

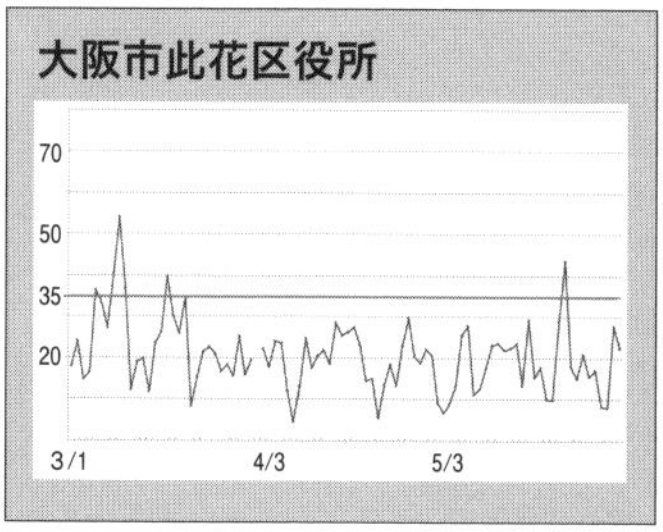
大阪市此花区役所
70
50
35
20
3/1
4/3
5/3

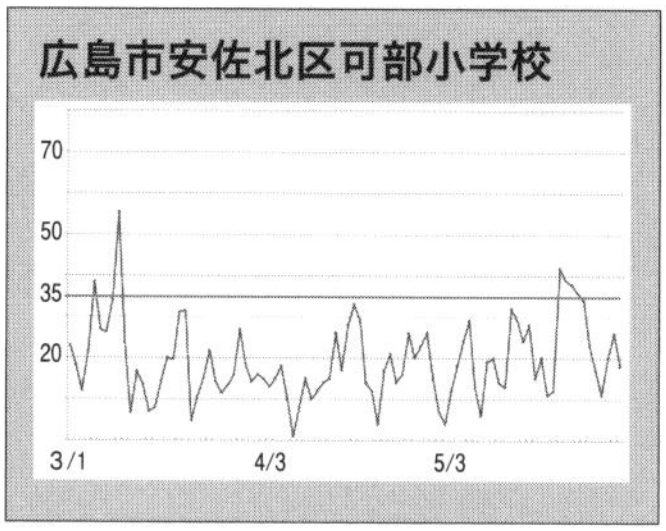
広島市安佐北区可部小学校
70
50
35
20
3/1
4/3
5/3

大阪府柏原市修徳学院

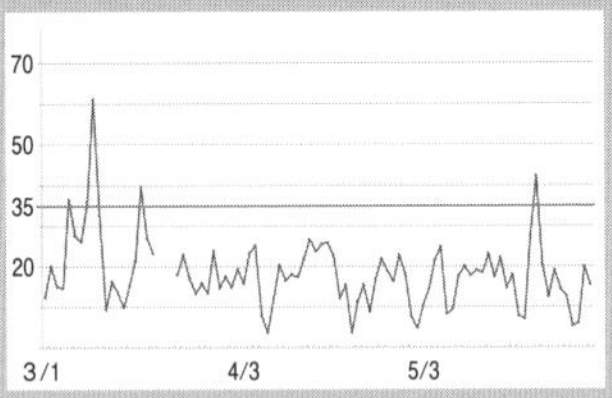

大阪市聖賢小学校

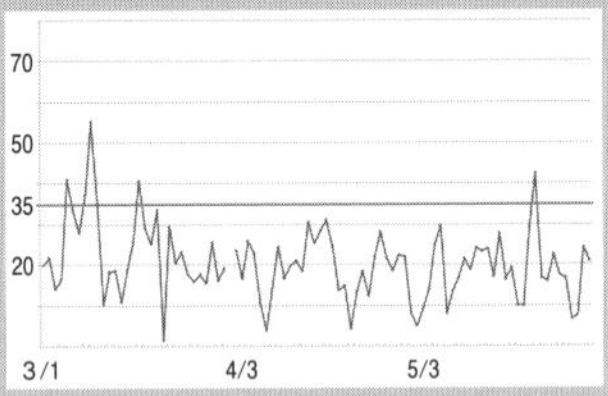

東京都多摩市愛宕

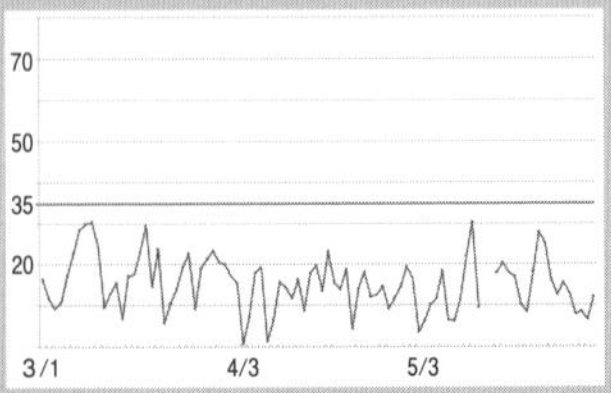

大阪府貝塚市消防署

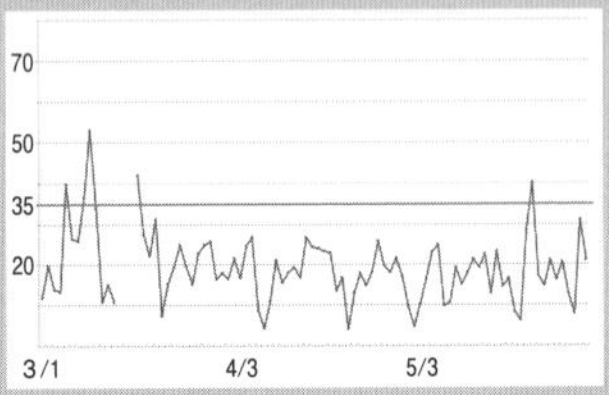

東京都世田谷世田谷

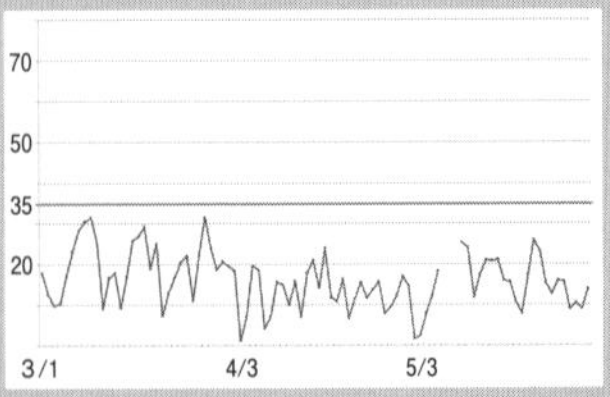

大阪府寝屋川市役所

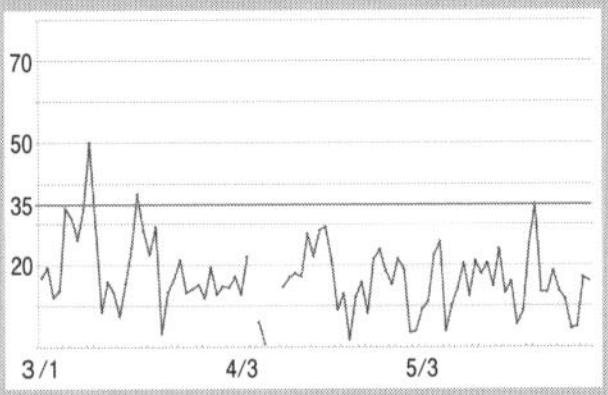

東京都千代田区神田司町

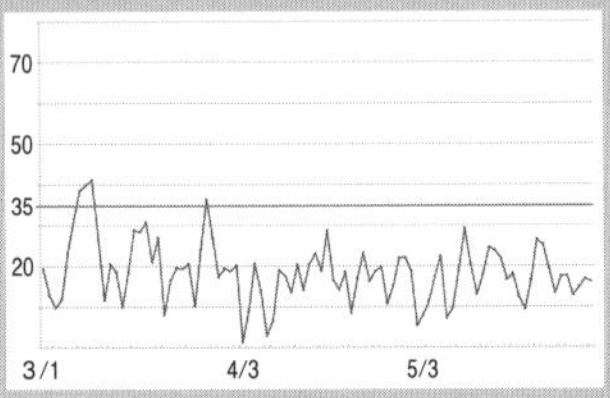

大阪府大東市役所

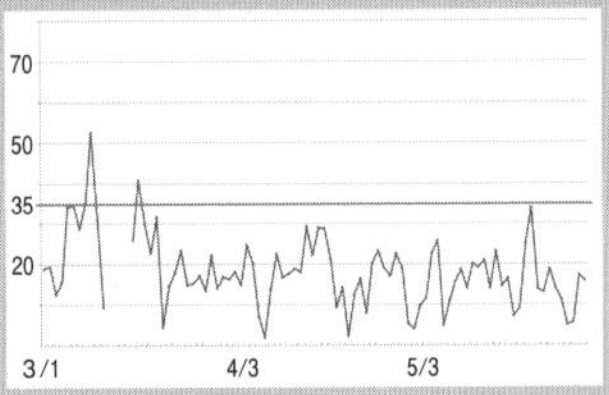

2章

「PM2.5」には
どんな特徴があるのか

目に見えないほど小さいのに何が問題なの？

1章でＰＭ2.5についての概論を述べました。この章ではもう少し突っ込んで、その物質としての特徴を見ていきましょう。特徴がわかれば、3章以下で説明するＰＭ2.5の危険から身を守る際の注意点もわかるからです。少し化学の世界に踏み込むのでわかりにくい点もあるかもしれませんが、とりあえず読み進めてください。

前述したように、ＰＭ2.5とは浮遊する小さな粒子のことですから、それのどこに問題があるのでしょうか。

たとえば、小さくても毒性があるなら、それが身体に付着したり、体内に入ったら大変なことになるのはわかります。でも、ただ小さいだけの粒子に、それほど大騒ぎすることがあるのでしょうか。

しかし、この「小さいこと」が、実はＰＭ2.5問題の核心なのです。砂粒や塩粒など、そのもの自体には毒性のない物質でも、単に小さいというだけで、身体に付着し

◆PM2.5の体内への取り込み

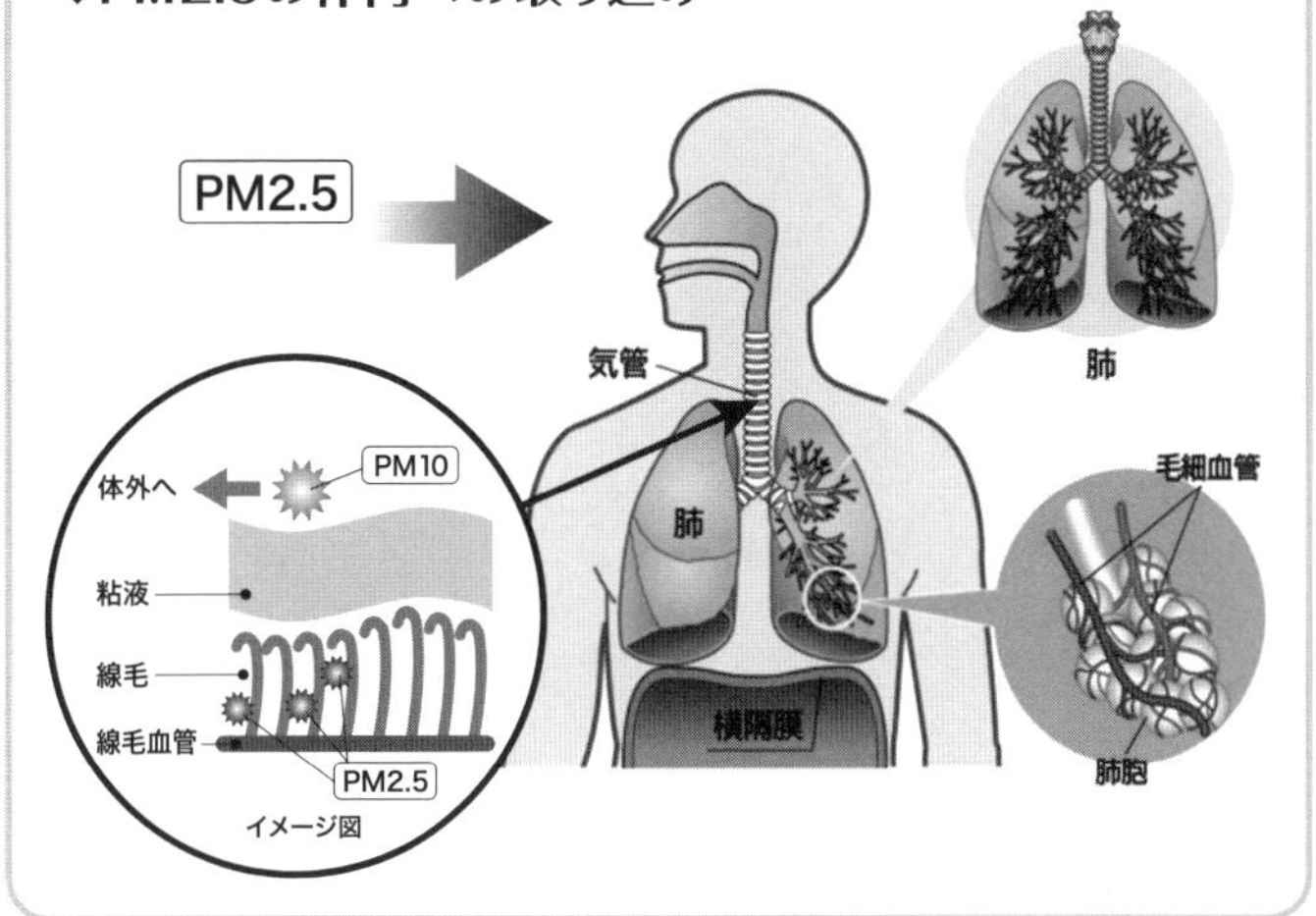

（チャートジャパンのデータを元に作成）

たり、体内に入り込んだりすれば様々な影響を与えるのです。

なぜ「小さいことが問題」なのでしょう。

ここで、小ささの目安として10㎛という数字を覚えておいてください。これはPM2.5の約4倍の大きさになります。

なぜこの大きさが重要かというと、この大きさが、体内に入ってきた異物を体外に排出できるかできないかの分かれ目になるからです。たとえば黄砂でも10㎛以上あれば、たとえ人の気管に入ったとしても、「異物」として咳や痰と一緒に身体の外に排出されるのです。

もともと人間には体内に入った異物を排除しようとする機能が備わっています（前ページ図参照）。たとえば、気管には線毛（繊毛）と呼ばれる毛のようなものが生えていて、異物が入ってくると、なびくように動いて外に押し出そうとします。さらに咳や痰でも異物を追い出します。

ところが、10㎛以下だと線毛の中に入り込こんでしまい、排除することができません。10㎛の4分の1の粒子、すなわちＰＭ2.5は人間に備わった機能では体外に排出されないのです。体外に排出されなかったＰＭ2.5は、気管から肺に到達し、肺胞にぶつかりこれを破壊します。

ＰＭ2.5が肺ではなく、腸に入った場合も小さいゆえの問題を起こします。人間の身体には皮膚や体内の臓器に、無数の穴やヒダがあります。たとえば、皮膚には毛穴や汗腺があり、肺や腸、血管には酸素や栄養を取り入れるための穴が開いています。ＰＭ2.5はこうした穴に入り込んだり、管を詰まらせてしまうのです。その結果、健康に甚大な影響をもたらします。このあたりのメカニズムについては後で述べることにします。

小さいからこそ人を傷つけるとはどういうこと？

小さいゆえの問題点はまだあります。小さいために身体の奥に入り込むだけではなく、小さいゆえに「研磨力」も強いのです。

研磨とは包丁やナイフを研《と》ぐことです。

研磨すると切れ味が鈍っていた刃物が綺麗になるので、良いような気もしますが、実際には刃先を削っているのです。この研磨は、物体が小さくなればなるほどその力が増します。包丁の刃でたとえると、切れ味が悪いのは刃先が丸くなっているからで、これを研いて鋭くすれば切れ味は復活します。

また、小さくなることで、ものにぶつかる面積も大きくなります。ここに一個の立方体があるとします。この立方体にあるカドの数は全部で8つです。これを2つに切り分けます。体積は変わりませんが、カドの数は2倍になります。さらに、それぞれ2つに切れば、カドの数も倍…。つまり、体積の総量が同じなら、細かくしていくほど数は増えていきます。
つまり、同じ体積なら、細かく分けたほうがトータルの表面積は大きくなり、それだけ当る部分も多くなるのです。すなわち、たくさん傷をつけることができるのです。

このように小さいからこそ傷つける力が強く、また多くを傷つけるのですが、傷そのものは小さくなります。ですがこれは逆に、傷が健康被害として発症するまでに長い時間がかかることを意味します。

ＰＭ2.5の実験でよくラットを使います。この場合は一度に大量のＰＭ2.5を与えて「急性症状」をみることになるのですが、本当に怖いのは、知らない間にＰＭ2.5が身体に蓄積して症状が進行し、気がついた時には手遅れになる「慢性症状」です。人の健康被害を考える場合は、この「密かに進行するＰＭ2.5の蓄積」が問題なのです。

ＰＭ2.5は、細かいゆえに身体の奥深くまで入り込み、細かいゆえに器官に多くの傷をつけ、細かいゆえに少しずつ傷つけていくのです。

PM2.5は何から、どうやって作られる？

PM2.5は2.5㎛（マイクロメートル）以下の粒子のことですから、その形状には固体もあれば液体もあります。

同じ固体でも、黄砂のような無機物もあれば、森林火災で発生する有機物もあります。物質そのものに毒性があるものもあるし、ないものもあります。つまり大気中にはPM2.5となるさまざまな物質の粒子が浮遊しているのです。

PM2.5は、発生するプロセスや原因（人為か、自然か）で分類することができますが、大別すると次のようになります。

◆粉じん

固体が粉砕されて細かくなったものです。自然発生のものには、黄砂や土壌の粒子、火山の噴火による灰、流木や海岸に流れ着いた海藻が分解したものなど。人為的なものとしては、タイヤや道路のアスファルトが削れて粉じんになったものなどがあります。いずれも元々の成分は変わらず、どんどん小さくなったものです。粒子の形はさまざまで、大きさは不均等になります。

◆金属フューム

水が蒸発して水蒸気になっても、冷やされるとまた元の水滴に戻るように、金属も温度によって気体になったり固体になったりします。粉じんのなかでも、金属が熱などで蒸発し、再び凝縮して微粒子になったものを金属フュームといいます。人体への影響が問題になるのは人為的なものです。たとえば、金属を溶接するときには高温で金属を溶かしますが、その際に金属フュームが発生し、それによる肺疾患を起こすことがあります。形状は、砕けて小さくなった粉じんとは違って再結晶のため、比較的そろった形、大きさになります。

日本では現在、鉱山はほとんど見られなくなりましたが、外国ではＰＭ2.5の原因として鉱山作業が挙げられることが多いのです。

◆煙

ものを燃やす時に発生するもので、煙の中には、さまざまな粒子（固体、液体）や気体（ガス）が混じっています。その種類は燃やすものによって異なりますが、たとえば、木材や石油などを燃やすと、その煙には炭素のＰＭ2.5が多く含まれます。球形に近い粒子ですが、集まって塊になることもあります。

煙の人為的なものでは、車の排気ガス、火力発電所の煙、野焼きや石油ストーブの煙、さらには調理するときの煙や煙草の煙など。家庭では乾燥機や寝具などもしばしばＰＭ2.5の原因になります。自然発生のものとしては山火事による煙があります。

こうしてみると私たちが生活していく中で、ＰＭ2.5に曝露《ばくろ》されないというのは無理な話なのです。したがって、私たちは身の周りのＰＭ2.5を正確に測り、その濃度が異常な場合には適切な対処をする必要があるのです。

物理的な脅威に加え有毒な液体PM2.5も飛来する

これまでは主に黄砂などの「固体」のPM2.5について述べて来ましたが、最初にも書いたように、PM2.5には「液体」のものもあります。そのなかで特に問題なのが、NOx（窒素酸化物）やSOx（硫黄酸化物）が水分と結びつき酸となったものです。

NOxやSOxは、自動車の排気ガスや工場の排煙、自然現象としては火山などの噴煙にも含まれています。最初は気体として排出されますが、大気中の水分などと化学反応を起こし、硫酸や硝酸といった「液体の粒子」となるのです（NOx、SOxが酸になるメカニズムは次項参照）。

これらは液体ですから、固体のPM2.5が持つ「物」としての特性、たとえば身体の組織に当たったり、穴を塞ぐといった物理的な影響はありませんが、酸が持つ毒性によって、人の健康に害を及ぼします。

黄砂のPM2.5が注目される以前から、中国由来のNOxやSOxが日本に飛来し、酸性雨となって人や動植物のほか、機械や建造物などにも重大な被害をもたらしていました(酸性雨については69ページコラム参照)。

酸性雨の問題は未解決のままですが、それに加えＰＭ2.5が問題となってきたわけです。

NOx、SOxで問題となるのが、やはり小ささです。NOx、SOxが水分と結びつき雨となれば、たとえ酸性雨であってもあたらないよう注意すれば、健康被害を防ぐことができます。しかし、小さいままの粒子のときは目には見えないため存在に気づかず、知らない間に吸い込んだり、皮膚に付着したりして健康被害を引き起こすことになるのです。

さらに問題なのは、こうした酸が「固体のＰＭ2.5」に付着することで、「酸がついた砥石」となるケースがあることです。小さいだけでも身体に影響を与えるＰＭ2.5が、さらに凶暴な物質に変わるわけです。

1章で、なぜ今年になって急にＰＭ2.5が注目されたかについて述べましたが、発端となったのが、このNOx、SOxでした。長崎県の五島列島にある福江島で、その数値が急に上がったのです。しかし、福江島には、NOxやSOxを大量に発生させる工場も車もありません。大陸からきたことが予想され、このときＰＭ2.5の濃度も上がったので、大陸由来のNOx、SOx、そしてＰＭ2.5が問題になりました。

固体のＰＭ2.5にNOxやSOxの酸が結びつくというのは日本では考えられませんが、中国では、砂漠で発生した黄砂のＰＭ2.5に、都市部や工場地帯で発生したNOxやSOxが付着することで、さらに危険なＰＭ2.5になるわけです。「酸性のＰＭ2.5」は、中国の砂漠と、経済成長の象徴ともいえます。

このように中国から飛来する大気汚染物質には「黄砂のＰＭ2.5」「酸性のＰＭ2.5」「酸性雨」などが考えられ、これらはそれぞれ単独で発生する場合もあるし、複合してくる場合もあるのです。

窒素酸化物や硫黄酸化物が酸になるメカニズムは？

ここで、大気に放出されたNOxやSOxが、どのようなメカニズムで健康に害を及ぼす酸となるのか、NOxを例に解説しましょう。

自動車の排気ガスに含まれる一酸化窒素（NO）は、放出されて大気中の酸素Oと結びつきます。普通、酸素はO_2という形で原子同士がむすびついた分子の状態にあり、簡単には他の物質と結びつかないのですが、紫外線を浴びることで他の物質と結びやすい、原子が1個だけの「反応しやすい酸素」（O）となります。

一酸化窒素はこの酸素と結びついて二酸化窒素になります。

$$NO + O \rightarrow NO_2$$

一方、この二酸化窒素と結びつく水（H_2O）も、やはり紫外線と「反応しやすい酸素」によって、他の物質と結びつきやすくなっています。つまり、水分子に他と結びつきやすい酸素がくっついて、2つの「反応しやすい水」ができあがるのです。

◆光化学反応で酸化物ができる仕組み

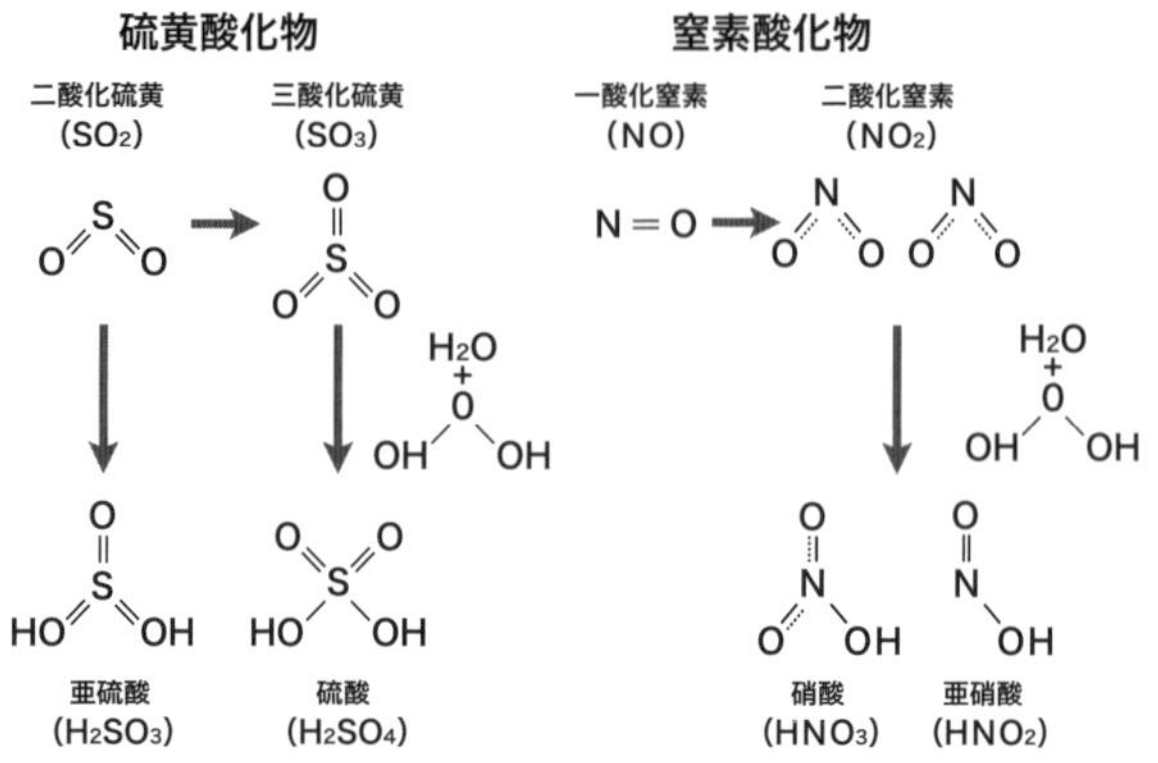

$$H_2O + O \rightarrow 2OH$$

この「反応しやすい水」と二酸化窒素が結びつくと硝酸になります。

$$NO_2 + OH \rightarrow HNO_3$$ （硝酸）

これを光化学反応といい、NO_xからは硝酸や亜硝酸（HNO_2）が、SO_xからは硫酸（H_2SO_4）や亜硫酸（H_2SO_3）などの酸性物質が作られるのです。

硫黄や硝酸は建物の主要部材であるコンクリートを溶かし、人の皮膚に付着すると症状的には火傷《やけど》状態になります。これは、皮膚を作るタンパク質を変性させたり、皮膚表面を局所的に脱水状態にしたりするからです。人間にとって有害物質であることがわかります。

column

酸性雨とPM2.5

PM2.5がマスコミで騒がれ始める前に、中国から飛来するものとして問題になっていたのは、黄砂や酸性雨でした。

しかし、これらのものは、飛来ルートが同じであり、それぞれが交じり合ってくるので、なかなか分けて考えにくいところがあります。本文でも述べているようにＰＭ2.5とは単純にモノの大きさだけを示したものですから、黄砂や酸性雨と重なる部分もあれば異なる部分もあります。

ここで中国から飛来してくるものを整理しておくと、次のようになります。

①黄砂
②NOχ
③SOχ
④その他（金属粉や化学物質など）

これらすべてにPM2.5が含まれてます。

PM2.5と黄砂については本文で説明しているので、酸性雨について簡単におさらいします。

酸性雨とは、自動車の排気ガスなどに含まれるNOχやSOχから酸性物質が作られ、それが雨や雪、霧に溶け込んで、通常より強い酸性になることです。

酸性雨が降ることで、河川や土壌が酸性となって、動植物に影響を与えたり、都市部でも建物などを毀損したりします。

酸性雨は、その原因となる物質（NOχ、SOχ）が空中に放出されてから、雨になって降るまで、国境を越えて運ばれることがあり、その影響については、一国だけでなく、各国が協同して観測する必要があります。アジアでは日本、中国、韓国、ロシアなど13カ国が参加する「東アジア酸性雨モニタリングネットワーク」（http://www.eanet.asia/jpn/profile/index.html）が取り組んでいます。

黄砂由来のＰＭ2.5が水に触れるとどうなるの？

黄砂から発生したＰＭ2.5は、いってみれば非常に小さな砂粒で、水に溶けません。空気が乾燥しているときは大気中を漂いますが、雨や雪が降ると一緒に地上に落ちてきます。そのまま川や海に流れてしまえばいいのですが、地上に残ると、地面が乾燥すれば再び舞い上がることになります。砂粒としての性質は変わることがないので、健康に危害を与える危険性もなくなりません。危険性をなくすには、再び空中に漂わないようにする必要があるのです。

気象庁が発表する黄砂の予報は、中国からの飛来を示すものですから、すでに飛来し、日本に蓄積されたものについての情報ではありません。黄砂飛来の警報がでていなくても、そうした「日本に蓄積された黄砂」の危険性はあるわけです。

また黄砂のＰＭ2.5は水の表面に付着した時に、周囲の水の状態、表面張力に影響を与えます。

表面張力とは、表面積をできるだけ小さくしようとする液体の力です。水滴が丸くなったり、コインが水に浮かんだ時にコインが水を引っ張っているように見えるのは、この表面張力によるものです。

そこで、たとえば黄砂のPM2.5が人の目の水（＝涙）に付着したとします。すると、その部分の涙は盛り上がりますが、その影響で、周辺の涙の層を薄くします。涙は目を十分に覆っている必要があります。涙がなくなると、潤滑、殺菌、異物の排除といった涙としての機能が果たせません。同じように目以外の体内に入った場合でも、付着した部分の水分の表面張力に影響を与えます。これによる健康被害については次章で触れます。

中国からの汚染物質は大気だけでなく海洋にも及ぶ

1章の第2項目で触れたようにPM2.5の問題はグローバルなことにもあります。とても小さいために風に乗って広い範囲に撒き散らされ、汚染が簡単に「越境」してしまうのです。

たとえば、中国から飛来する黄砂は、日本各地に被害をもたらすだけでなく風に乗って5000km も離れたアメリカまで飛んでいきます。

火山の噴火でも大量のPM2.5が発生します。1991年に噴火したフィリピンのピナツボ火山の噴火では、大量の火山灰が貿易風に乗って西方に運ばれ、マレーシア、ベトナム、タイにまで降り注いでいます。発生した微粒子は成層圏まで達しました。発生した火山灰の量と微粒子が成層圏を移動したことから、ピナツボ火山のPM2.5は、全世界に降ったと考えられます。

地上に降り注いだPM2.5は落ちた場所によりその後の状況が変わります。土の上に落ちれば、乾燥して巻き上げられないかぎり、土と土の間に入り込んで土壌の奥へと落ちていきます。アスファルトで覆われた都市部だと、いつまでも地表にとどまり、乾燥して再び巻き上げられる可能性があります。

海に落ちる場合もあります。

２０１０年に日本海の水質を調査した研究機関によれば、生体への悪影響が指摘されている汚染物質であるＰＦＯＳ（ペルフルオロオクタンスルホン酸：ピーフォスと呼ばれる）やＰＦＯＡ（ペルフルオロオクタン酸：ピーフォアと呼ばれる）の濃度が5年前にくらべて4倍に上昇したということです。

これらは界面活性剤、フッ素加工など身近な製品にも使われますが、人体への影響が高いことから、特にＰＦＯＳは残留汚染物質の減少を目的としたストックホルム条約の対象物として指定されています。

ＰＦＯＡもＰＦＯＳと似た構造であるため、アメリカでは使用の廃絶をめざしています。日本でもＰＦＯＳは10年前から製造が禁止されており、ＰＦＯＡについては法的な規制はありませんが、企業が自主的に使用を自粛する動きとなっています。

このように日本での使用が制限されている状況の中で、日本海でこれらの濃度が上がるということは、日本以外の地域から流入したことが考えられます。その大部分は、排水処理施設が整備されていない中国とその周辺国からと考えられるとともに、大気中から溶け込んでいる可能性も指摘されています。

中国からはＰＭ2.5と一緒にこうした物質も越境してくるのです。

column

日本以上に深刻な韓国の大気汚染

中国からのＰＭ2.5や黄砂、NOχ、SOχといった「越境型大気汚染」が日本以上に深刻なのは韓国です。中国から偏西風に乗ってやってくるこうした物質は、日本に来る前に朝鮮半島を覆うようにしてやってくるからです。「東アジア広域大気汚染マップ」（国立環境研究所）を見ると、さまざまな汚染物質が朝鮮半島を覆っていることがわかります（次ページ図参照）。

昨年末から今年にかけてＰＭ2.5の濃度が急激に上がった理由として、韓国メディアは、中国から飛来したものが３分の１を占めると報じて、それに中国の専門家が反論する事態になっています。

もちろん韓国自身もＰＭ2.5を発生させています。釜山の工業地帯に由来するものや、海岸沿いには塩のＰＭ2.5があるのです。ただし、いまのところ韓国には、こうしたＰＭ2.5についての基準やモニタリングする体制がありません。

◆東アジア広域大気汚染マップ（6月1日）

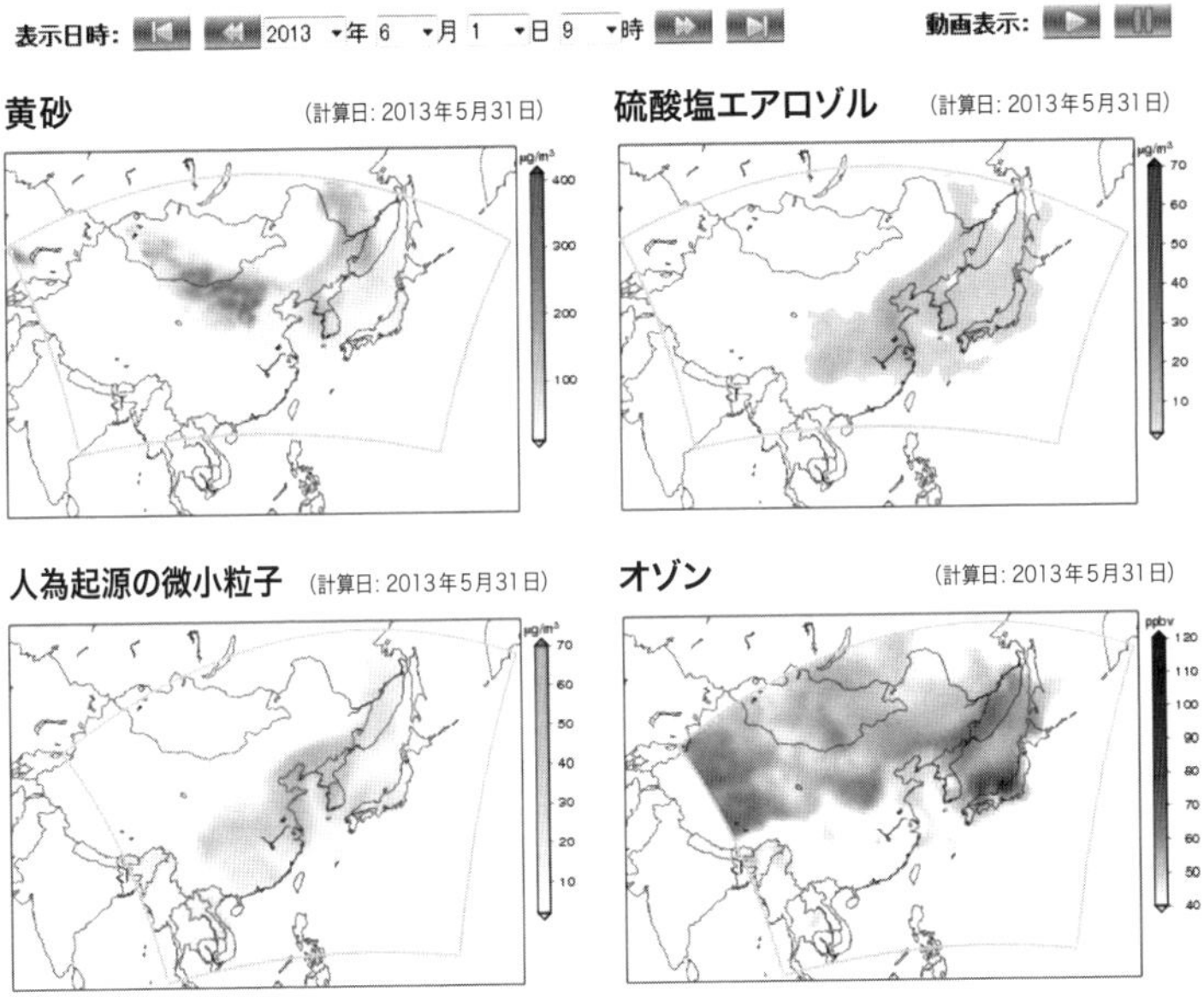

国立環境研究所HPより

今年上半期にはPM2.5への対策を決めて、2015年にはモニタリングを実施するとしていますが、その対応は、日本に比べて遅れているといえるでしょう。

いずれにしろ、大気汚染は一国で収まるものではなく、各国の協力が不可欠です。

ＰＭ2.5に注意すべき地域は西日本だけ？その他の地域は大丈夫？

すでに述べたようにＰＭ2.5は人が生活しているところならどこでも発生する可能性がありますが、地域や地形によってとくに注意する場所というのはあるのでしょうか。

黄砂のように中国からやってくるＰＭ2.5なら、偏西風の通り道である九州や山陰地方で濃度が高くなりますが、黄砂はアメリカまで運ばれることもあるので、日本中どこでも中国由来のＰＭ2.5は降り注ぐと考えられます。

一方、日本で発生するＰＭ2.5については、その影響を受ける地域はある程度限定されます。

日本の場合は高速道路のインターチェンジや交通量の多い道路の近くで濃度が高くなります。これは、排気ガスから発生する人為的なＰＭ2.5です。

また、タイヤとアスファルトはお互いに削り合っているので、ここからもＰＭ2.5は発生していると考えられますし、ブレーキを踏むことでも粉じんを発生させています。

地形として溜りやすいのは盆地です。測定値も高くなります。

ただし盆地であっても、交通規制を行っている京都や、もともと交通量の少ない甲府などでは濃度が低くなります。一般に都市部では交通量が多いので、人為的なＰＭ2.5は多くなりますが、東京や京都のように規制を行っている場合は、その規模に比べて濃度は下がります。

日本で自然発生のＰＭ2.5が多いのは火山によるものなので、噴煙の影響を受ける地域では濃度が高まります。

なお、風が強いところほどＰＭ2.5の危険度は高まります。角膜を傷つける危険性が高くなるだけでなく、目が乾燥するので、より傷つきやすくなるからです。ＰＭ2.5の濃度が高い時には、風のあるところは避ける方がよいといえるでしょう。

１日のうちでＰＭ2.5に注意すべき時間帯は？

何度も述べているように、ＰＭ2.5の発生原因には、土壌の巻き上げや火山噴火など自然に由来するものと、人間の産業活動や生活によって発生するものがあります。

自然に由来するものの代表である黄砂は、中国での発生状況と、それを運んでくる風（＝偏西風）とに影響されます。

また、人間の活動によって発生するものは、昼間の方が産業活動が盛んになるので、それにともなって濃度も高くなります。

左のグラフは、福岡県北九州市門司区のデータです。これは8日間（平成25年5月20日〜27日）のＰＭ2.5推移を時間別、風向別に表したものです。

まず時間とＰＭ2.5の関係です。5月22日の夜中を除けば、日中の濃度が高くなっています。これは日中の産業活動や人々の生活によって排出されたＰＭ2.5であることが考えられます。

◆北九州におけるPM2.5の経時変化（平成25年5月20日～27日）

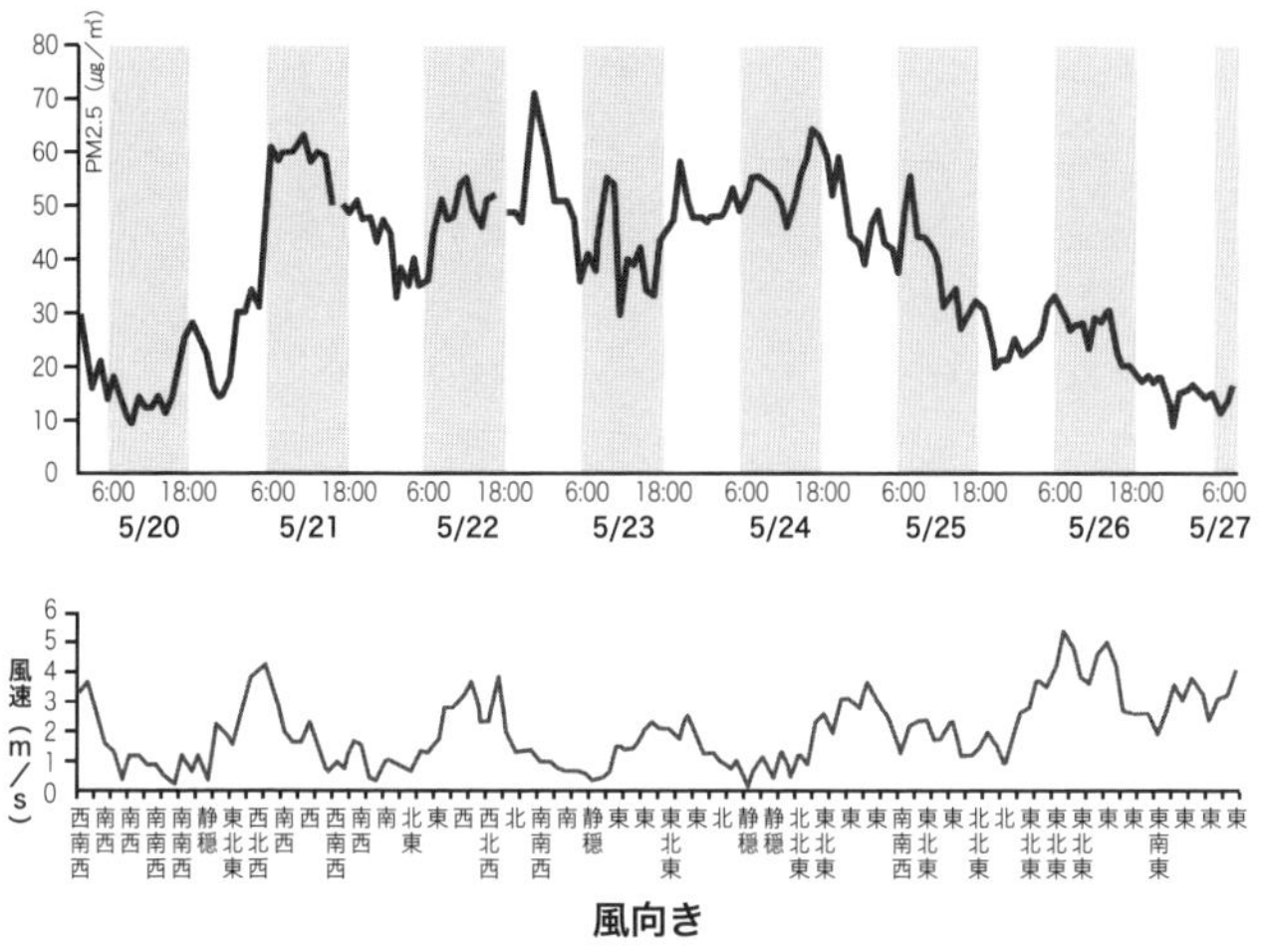

（環境省そらまめ君データより作成）

　この22日の夜の風向きと、風の強さをみてみると、西から西北西、そして北からの強い風が吹いていました。その直後のＰＭ2.5の濃度が上がり、その後、南からの風が吹くと濃度が下がっています。

　門司の北西は玄界灘で、その先は韓国です。北西方向の風は黄砂を運んでくる風になります。したがって、このＰＭ2.5は大陸から偏西風に乗って日本までやってきたものだと考えられます。

　もちろん、日中で西風が吹いていれば、日本自体のＰＭ2.5と大陸からのＰＭ2.5があることになります。

ここでもう一度整理しておきましょう。

①黄砂などに関係したＰＭ2.5は1年の間では秋から春先にかけて多くなる。

②1日の間では産業活動の活発な日中に多く、また西風が吹く時に大陸からのＰＭ2.5が流れこんでくる。

注意報が出ているようなときは、外出を控えるような対策が必要です。

排ガスからもかなりのPM2.5が排出される

日本のPM2.5の発生源として多いのは自動車の排気ガスです。排ガスには、煤（炭素）などのように、細かくなってそのままPM2.5になるものや、SOxやNOxなど、ガスとして排出された後で化学反応を起こし、PM2.5になるものなど、さまざまな「PM2.5の素」が含まれています。

このうちSOxについては、燃料に含まれる硫黄成分を下げれば、排ガスとして排出される量も抑えられます。したがって、日本の排ガス規制は主に一酸化炭素（CO）やNOxに対して行われてきました。

ちなみに日本のガソリンの硫黄分は法律による規格で10ppmに定められています。中国では都市部、地方などでそれぞれ複数の基準があり、一部の都市を除けば150ppmと高いため、排ガスに含まれるSOxの量が多く、大気中に放出されてPM2.5になります。

また、ガソリン車に対して、ディーゼル車の排ガスには、ＰＭ2.5の素となる成分が多く含まれるため（20％増）、ディーゼル車に対する規制が必要となってきます。

日本の排ガス規制については、国が定めるものと、地方自治体が独自に定めるものがありますが、平成15年からCO、NOxに加えてＰＭ2.5もその対象となっています。排ガス規制の先進地域といえる東京都では、ＰＭ2.5排出基準に満たないディーゼル車の都内運行禁止などを行っています。

日本は、こうした規制の先進国として、空気はずいぶんキレイになってはいますが、都市部の渋滞が起こるところでは、やはり排気ガスによるＰＭ2.5の発生は確実です。

アメリカの研究によれば、道路から１００ｍ離れたところでは、ＰＭ2.5が７％減少するというデータもあります。

大きな道路の近くに住む人たちへの排気ガスによる健康被害として、これまでCOやNOxが問題とされてきましたが、それらに加えてＰＭ2.5も注意することが必要です。

PM2.5の集め方・測定の仕方は？

これまで本文中でＰＭ2.5の基準値や濃度について触れてきましたが、そうした数値はどうやって導くのでしょうか。集め方はもとより、測定の仕方をいくつか紹介しましょう。まずは集め方です。

ＰＭ2.5は、粒子状物質といわれますが、形の揃った「まん丸の粒」の集まりではありません。実際には形も大きさもさまざまです。「大きさが2.5㎛以下の粒子」というのはＰＭ2.5の集め方に由来しています。集め方は次のようになります。

まず、最初に集めた空気を10㎛の穴が開いたフィルターを通します。すると10㎛以上の粒子はすべて除去されて、それ以下のものが通ります。この中には2.5㎛のものもあれば、より小さなものもあります。縦が10㎛で横が５㎛といった形のものもあるかもしれません。

さらに、集めた物質を5㎛の穴が開いたフィルターに通せば、一辺でも5㎛以上の物質は取り除かれますが、5㎛以下であれば通り抜けます。中には縦5㎛、横1㎛といったいびつなものもあるかもしれません。

そして次に、2.5㎛の穴が開いたフィルターを通せば、その穴より小さい粒子が取り除かれます。このようにして集めた粒子は、厳密な意味で粒が揃ったPM2.5ではありませんが、実際にはこうした幅のあるものを「PM2.5」としているのです。

したがって、PM2.5と言えば2.5㎛より小さな粒子の集団、PM10といえば10㎛より小さな粒子の集団となります。

ちなみに、日本の環境基準であるSPMは10㎛以上のものはすべてカットして、完全に10㎛以下の粒子の集まりです。もちろん、この中にはPM2.5も含まれていることになります。


次に測定の仕方です。

PM2.5はとても小さな粒子ですから、測定するにも特別な装置が必要です。濃度は、1㎥あたりの大気に含まれるPM2.5の重さ（μg）で表すので、考え方としては、1㎥の空気を集めて、その中からPM2.5を取り出し、その重さを測って割り出します。方法は3つあります。

①フィルター法（電子天秤）

一定の空気を集めて、それを遠心分離器にかけて、空気に含まれる塵を集めます。遠心分離器の原理は掃除機などにも使われていますが、物質が小さいほど遠心力が働きにくくなるため、より強い渦を作る必要があります。PM2.5に遠心力を働かすには相当の渦を作らなければなりません。集めた塵は、2.5μmのフィルターを通して、大きい塵を除去して必要な粒子を集めます。集めた粒子は電子天秤というμgの単位まで測れる秤を使って測定します。このタイプは安価なシステム（安いものは30万円くらい）であることから、地方公共団体などがPM2.5を観測するために導入していますが、なかには個人で使っている人もいます。

②ベータ線吸収法

集めた空気の中に放射線のベータ線を照射します。ベータ線は空気中の粒子に当たって跳ね返ったり、乱反射したり、どこにも当たらず反対側まで透過したりします。このベータ線の透過率や散乱から、空気中にある粒子の大きさがわかります。システムは自動化されており手軽ですが、放射線を使うこと、またシステムが高価なため、塵を排除したい精密機械工場などでの検査に使われます。

③フィルター振動法（TEOM）

あらかじめ粒子を集めるフィルターに一定の振動を加えておきます。そうすると粒子が集まって、その重みが加わると振動が変化（減衰）していきます。この振動の減衰の差から、集まった粒子（PM2.5）の重さを計測します。このシステムも自動システムで、大気の収集から粒子の測定まで行います。国の測定値などはこのシステムを使っています。

◆測定器の構成

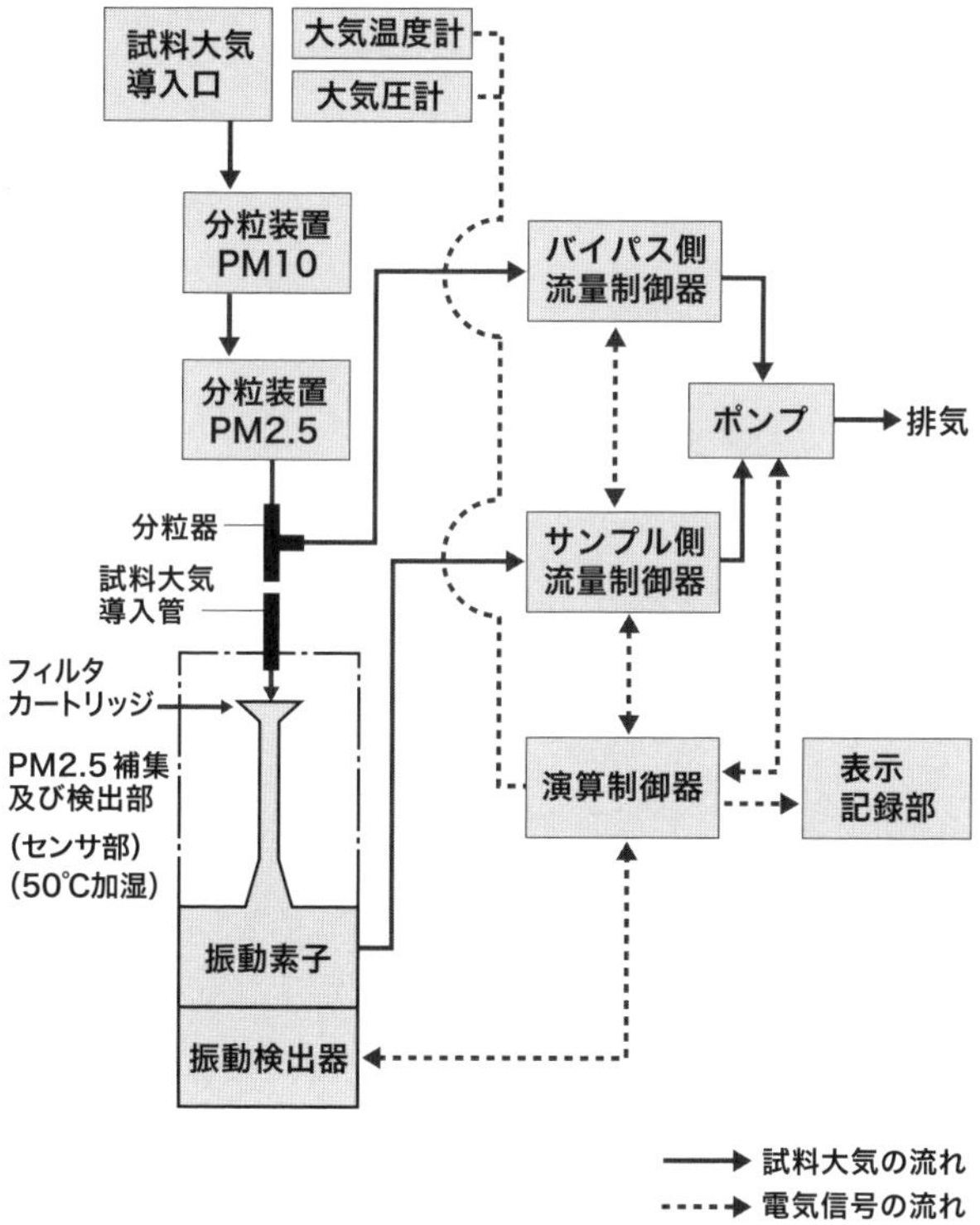

試料大気
導入口
大気温度計
大気圧計
分粒装置
PM10
分粒装置
PM2.5
分粒器
試料大気
導入管
フィルタ
カートリッジ
PM2.5 補集
及び検出部
(センサ部)
(50℃加湿)
振動素子
振動検出器
バイパス側
流量制御器
サンプル側
流量制御器
ポンプ
排気
演算制御器
表示
記録部
試料大気の流れ
電気信号の流れ

（環境省資料より）

column

年々早まる黄砂の飛来時期。やはり春先が多い?

春先に飛来する黄砂が発生するのはゴビ砂漠、タクラマカン砂漠、黄土高原といった中国中部から北西部にかけた乾燥した地域です(次ページ地図参照)。

タクラマカン砂漠は、サハラ砂漠に継ぐ世界第2位の広さを持ち、年間の降水量が数ミリという非常に乾燥した地域です。ゴビ砂漠はシルクロードが通る砂漠で、これも世界第4位という広さで、テレビでもよく取り上げられる砂漠らしい砂漠です。黄土高原は、中国の歴史を作った黄河の上流に広がる高原で、タクラマカン砂漠やゴビ砂漠より雨量もあり、歴史の中心的な役割も果たした地域でしたが、戦場となることも多く、森林の伐採や開墾により植生が破壊され砂漠化しました。洪水による土壌流失も問題になっています。

これら3つの地域を合わせた面積は日本の5倍以上になります。この他

◆黄砂の発生地域と飛来ルート

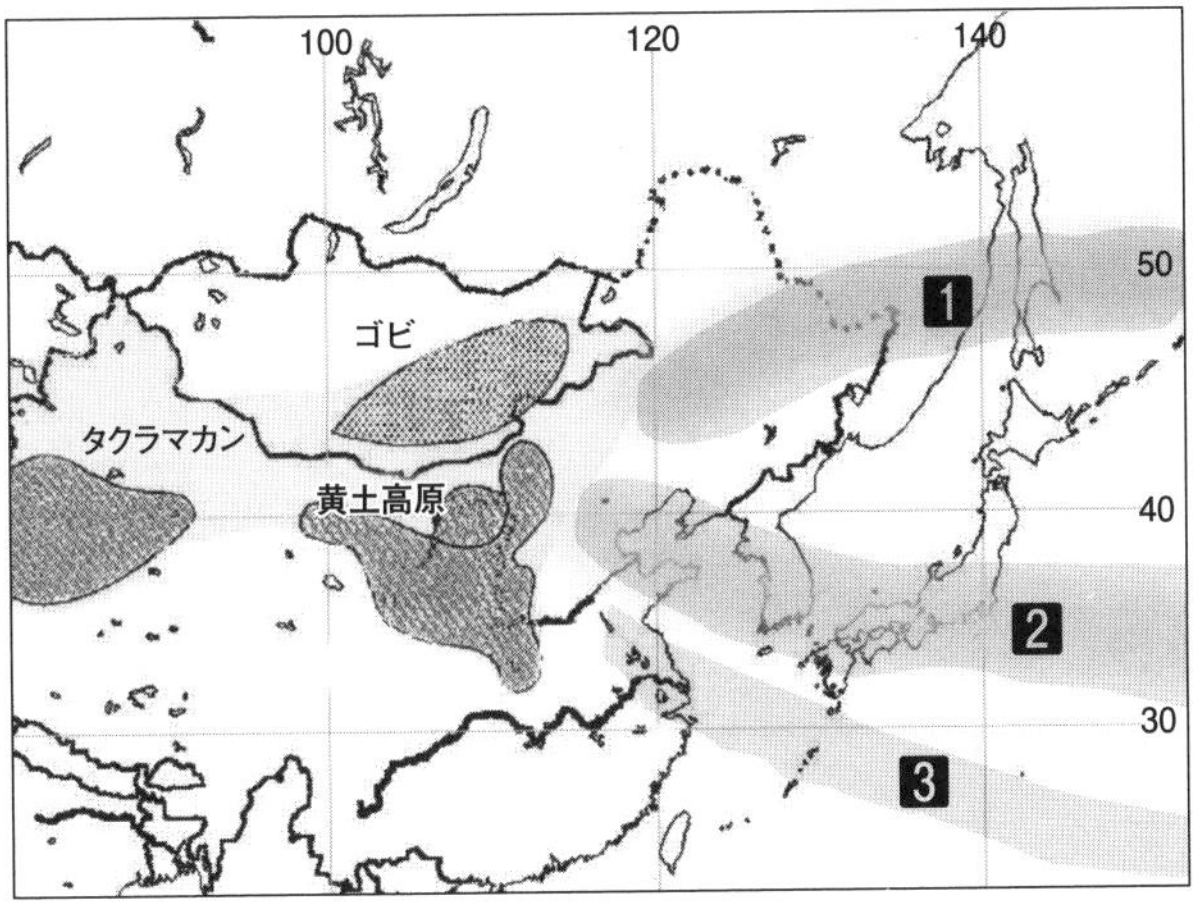

1. 中国からロシア沿海州を経て北太平洋
2. 中国から朝鮮半島を経て日本
3. 中国から東シナ海を経て日本

にも中国西部から中央アジアにかけて黄砂を発生させている地域が多数あります。

黄砂はこうした地域の砂や土壌が風に巻き上げられて発生しますが、乾燥の度合いや天候によって時期は異なります。別な言い方をすれば、乾燥していて風が吹けばいつでもどこでも発生するわけです。

この黄砂が日本に多く飛来するのは、偏西風の影響と、雨が少ないことから冬から春にかけてです。

特に3月から4月にかけて多くなり、11月にもっとも少なくなります。気象庁では1967年から黄砂の観測を行っていますが、それによれば近年、飛来する時期が早まっています。これは気温の上昇により、黄砂を発生させている地域の雪解けが早くなっていることが原因と考えられています。

黄砂が日本に飛来するルートは、中国東北部からロシア沿海州を抜けて北海道の北から北太平洋へ向かうものと、朝鮮半島上空を経由して九州や山陰に至るもの、そして東シナ海から九州に来るものがあります。日本に影響を与えるのは朝鮮半島経由で来るもので、九州や山陰地方が多くなります。

では、どんな気象条件のとき日本への飛来が多くなるのでしょうか。これは春に中国東北部で低気圧が発生していることが関係しているといわれます。低気圧により黄砂が上空に巻き上げられ、それが偏西風に乗って日本に飛来するのです。

もともと天気は西から変わるといわれているように、中国大陸で発生した気象が数日後に日本に影響を与えます。目安としては、上海に発生しているPM2.5が日本に来るのはその2日後と予測することができます。

北京からのPM2.5レポート

◆迫り来る危機に鈍感な人々

私は、中国でのPM2.5汚染の実情を視察すべく、平成25年4月初旬、北京首都国際空港へ降り立ちました。ターミナルから見る空は、意外に良好で、通訳の方に聞くと、このところ黄砂の影響も少ないとのことで、いささか拍子抜けです。

大気の状況を1時間おきに伝えるbeijingairによれば、3月末までは250㎍／㎥という「Very Unhealthy（＝非常に危険）」な濃度を示していたものの、4月に入ってからは30㎍／㎥を下回り、日によっては1桁台という数値を示しています（ただし、6月には再び200㎍／㎥になっています）。

北京は南以外の三方を山に囲まれた盆地で、近くには大河もなく乾燥しています。主な大気汚染の源は排気ガス、発電所や工場の排煙、そして黄砂ですが、実はこれらは、北京市そのものが発生源であるものだけでなく、天津など近郊の大都市から流れこんで来るものもあります。

中国では国土の砂漠化が急速に進んでおり、全土の46％が砂漠あるいはその直前の乾燥地帯に区分けされ、北京市そのものも1年間に3.4キロずつ砂漠が近づいているといわれます。

天安門広場で現地の人に聞くと「(大気汚染は) 以前からで、気にもならない」「体調が悪い時にはマスクはするよ」などと答えます。通訳の方によれば「中国人がマスクをしないのは、不審人物と見られて警察に止められるから」とのことでした。どこまで事実かはわかりませんが、いずれにしても、マスクやメガネなしで外を歩く気にはなれません。

日本では、昨年末から急に騒がれだしたPM2.5ですが、北京では例年おとずれる黄砂や、大気汚染自体はすでに98年頃から深刻になっており、昨日今日の問題ではないようでした。

◆黄砂にかすむ紫禁城

◆数字が示す被害の実態

天安門広場でしばらくいると、目が痛み出しました。口と鼻は、ガーゼを水で濡らし、固く絞ったものを内側に当てた大型マスクをしていたためか、異常は感じませんでしたが、目はドライ状態になり、痛みが生じるようになりました。メガネはしていましたが、もしなかったら症状はもっと酷かったかもしれません。

北京からのPM2.5レポート

場所によって、ＰＭ2.5の濃度が高い地域があるのでしょう。また、そもそも北京の交通量が多いため、排気ガスに含まれるNOχやSOχ、ＰＭ2.5といった物質が影響を与えたのかもしれません。

清華大学等の発表によれば、２０１０年度に中国で寿命をまっとうできなかった人の約15％が、大気汚染が原因として疑われています。内訳は、脳血管疾患が約60万人、虚血性心疾患が約28万人、肺疾患は約20万人、呼吸器系がん約14万人、呼吸器感染症が約１万人で、合計では約１２３万人に上っています。

これら環境問題は中国の内政にも影響を与えだしました。平成25年３月16日に開かれた全国人民代表大会（全人代）では、周生賢環境保護相が賛成２７３４票、反対２１８票で再任されました。一見、圧倒的多数のようですが、中国の選挙からすると、大変な批判票が生じたことになります。

中国の大気汚染は80年代の改革開放経済の頃から始まり、90年代末にはかなり深刻になりました。北京オリンピックに合わせて一時的に抑えこみましたが、根本的な原因の解消にはいたっていません。そうした現状に対する環境相、国への批判といえます。

◆効果が上がらない対策

北京市では、交通量を減らすために、市街地への乗り入れをナンバープレートの末尾数字によって規制したり、旧式の自動車を廃車にする計画などがありますが、なかなか進んでいないようです。

北京のあと、天津市へ向かいました。天津は、平成25年の春節（旧正月）の6日間に、酷いといわれる北京市のPM2.5濃度の2倍以上を記録した街です。実際、旧型車が多く、黒煙を吐きながら走るトラックも多く見られました。まさにPM2.5をまき散らせながら走っているという

北京からのPM2.5レポート

感じです。

PM2.5の原因のひとつであるSOχを減少させる方法として、日本ではガソリンに含まれる硫黄分を製品規格で抑えるようにしていますが、中国がこれを日本並にするには、石油精製設備から見直す必要があり、莫大な投資が必要となります。石油業界が中国経済にもっている影響力から、そうした規制は進みそうもありません。

◆中国に改善を期待するのはムリ?

最後に今後、中国は大気汚染を改善していけるのでしょうか。

実は、私の北京を訪れた感想からすると、それは難しいようです。

中国では、あたかも国家も個人もそれぞれが個別の意思を持って行動しているように思えます。これはPM2.5に代表される大気汚染の問題だけでなく、水質汚染、ゴミ処理の問題など、すべてに当てはまります。

それらが大きな問題であり、何とかしなくてはならないとの認識はあるのでしょうが、対策をとるのは自分ではなく、他の誰かがやるだろうという感覚です。

日本の場合には、ダイオキシンの問題が出れば、ゴミの分別収集に皆が協力します。水が不足するとなれば一気に節水トイレや節水コマ（水道が勢いよく出なくする部品）が普及します。たいへんな事態が生じたとき、とりあえず自分でできる範囲のことはやろうという意識があるように思えます。

これに対し中国では、この誰かがという気持ちが自分以外の人や国なのでしょう。たいへんな事態となっているＰＭ2.5問題に対しても、根本的な対策が出てこないのは、このような気質が原因になっているのかもしれません。

3章

「PM2.5」の何が問題なのか

ＰＭ2.5は人の健康に害を及ぼすの？どんな病気を引き起こすの？

ＰＭ2.5にはさまざまな物質があるので、その物質の性質、たとえば固体か液体か、毒性があるかないかなどにより、人の健康に及ぼす影響は変わります。ただ、どんな性質であろうと共通する基本的な特徴は、人間が知覚できないほど「非常に小さい粒子である」ということです。人の気づかないうちに体内に入り込み、細胞や器官を蝕んでいくのがＰＭ2.5の恐ろしさといえるでしょう。

ちなみに、タバコの煙にもＰＭ2.5が多量に含まれます。一般には知覚できないＰＭ2.5ですが、タバコの臭いがしたら「ＰＭ2.5を吸い込んだ」ということがわかります。

問題になっている黄砂のＰＭ2.5は、それ自体に毒性はなく臭いもありません。そのため、知らないうちに目に当たったり、皮膚に付着したり、呼吸で体内に入り込んだりします。しかも、固体で溶けないため、目に見えないヤスリのように細胞や器官を

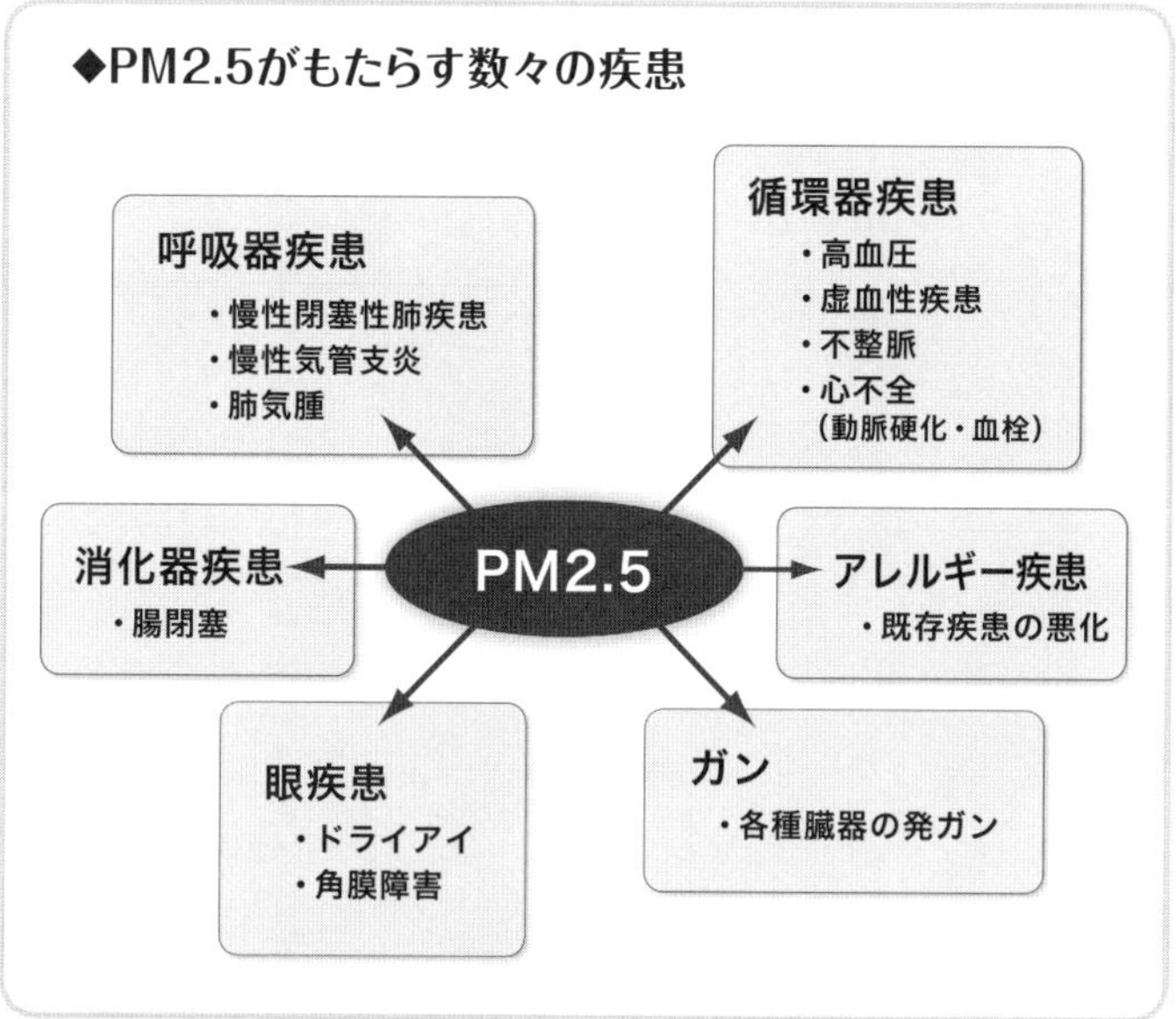

傷つけ、次のような持病のある人の症状をより悪化させます。

警戒を要するのは、呼吸器系、循環器系、眼科、消化器系そして免疫系などです。なお、以下に挙げる症状の悪化は、黄砂などのように固体で水に溶けないＰＭ2.5の影響についてです。

まず呼吸器系です。目に見えないため予防が怠りがちになり、吸い続けることで肺に蓄積し、少しずつ肺胞などの器官を傷つけます。

呼吸により吸い込まれたＰＭ2.5は、肺だけでなく、食道から胃に入り、腸へと送られます。腸に至ったものは腸そのものの機能に障害を与えたり、吸収されて血管に入り、血流をつまらせたりします。これにより消化器系や循環器系の疾患を発症させます。

目に付着したＰＭ2.5は、瞬きを繰り返すうちに砥石で削るように角膜を傷つけます。私たちの研究ではＰＭ2.5のような微少な粒子が角膜にあたり続けると、遺伝子へも影響が及ぶことがわかっています。

皮膚に付着したＰＭ2.5は、脂腺や汗腺をふさぐことで、代謝の機能を阻害し、皮膚の劣化を促したり疾患を引き起こすことが考えられます。

繰り返しになりますが、ＰＭ2.5の問題はその小ささです。付着したり、体内に取り込んでも気づきません。そして、身体の奥にまで入り込み、さまざまな器官を傷つけるのです。

しかも一度取り込んだものは取り除くことができないので、とにかく体内に取り込まないことです。そのためにはＰＭ2.5があるところには近づかないこと。予報には十分注意し、発生させるものはできるだけ避け、存在する環境で長期間曝露《ばくろ》されることがないようにします。

PM2.5はどこから、どれくらい身体に入ってくるの？

PM2.5が人の身体に入るのは第一が呼吸によって、第二が目、そして第三が皮膚からとなります。もっとも多い呼吸から説明しましょう。

成人は1回の呼吸で約500㎖の空気を吸い込みます。1分間には12～14回の呼吸をするので、1分間ではおよそ6ℓの空気を吸っていることになります。今年1月12日に北京のPM2.5の濃度は700μg／㎥を記録しました。これは1ℓ中に0.7μgの量になります。したがって、6ℓの空気を吸い込めば、1分間に4.2μg、1時間なら252μgになります。これは、閉めきった6畳の部屋で煙草1本吸うのと同じ濃度にあたります。

もちろん吸い込んだ空気のすべてが肺に向かうわけではありません。肺に向かう気管支と胃に向かう食道は簡単な弁を開け閉めして調節しているだけなので、胃の中に入っていく空気もあります。そのため、疾患は呼吸器だけでなく、循環器や消化器まで影響します。

なお、1分間に呼吸する空気の量は大人と子供で変わりません。1回の呼吸量は子供の方が少ないのですが、回数が多いので肺に到達する量は大人と同じになるのです。つまり、大人と同じ空気量を吸入する一方で、子供の肺は小さいので、PM2.5の影響がより大きくなるのです。

ちなみに、鼻への沈着は子供の方が少ないと言われます。これは、子供がよく鼻水をたらすからです。

◆子供と高齢者に大きいPM2.5の影響

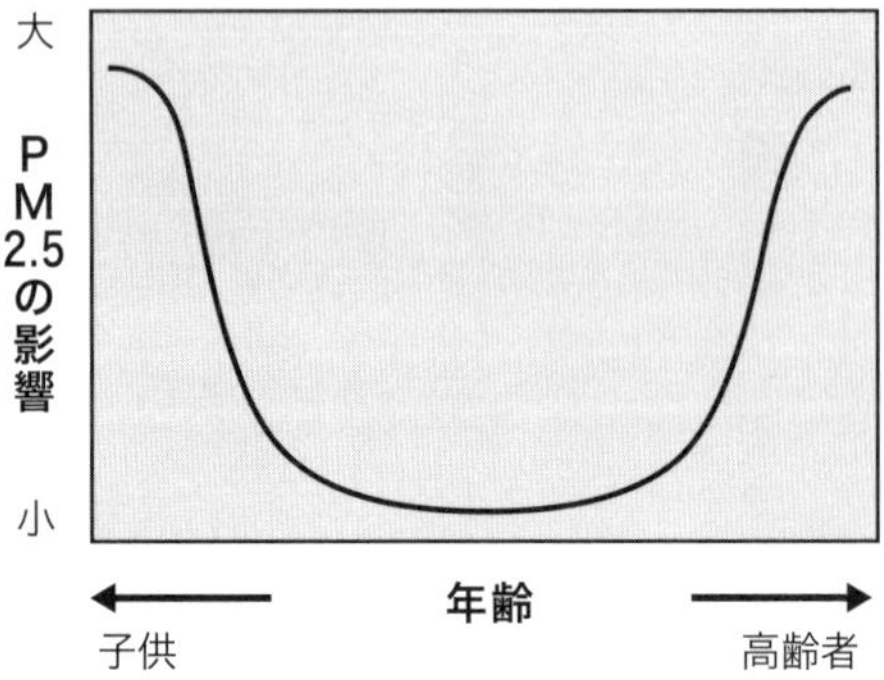

次に目に入る量ですが、これはPM2.5の濃度により異なります。さらに風の有無によっても変わります。風が強ければ、それだけ衝撃は強くなります。高層マンションでは低層階よりも高層階の方が風が強いの

◆人間の皮膚の構造

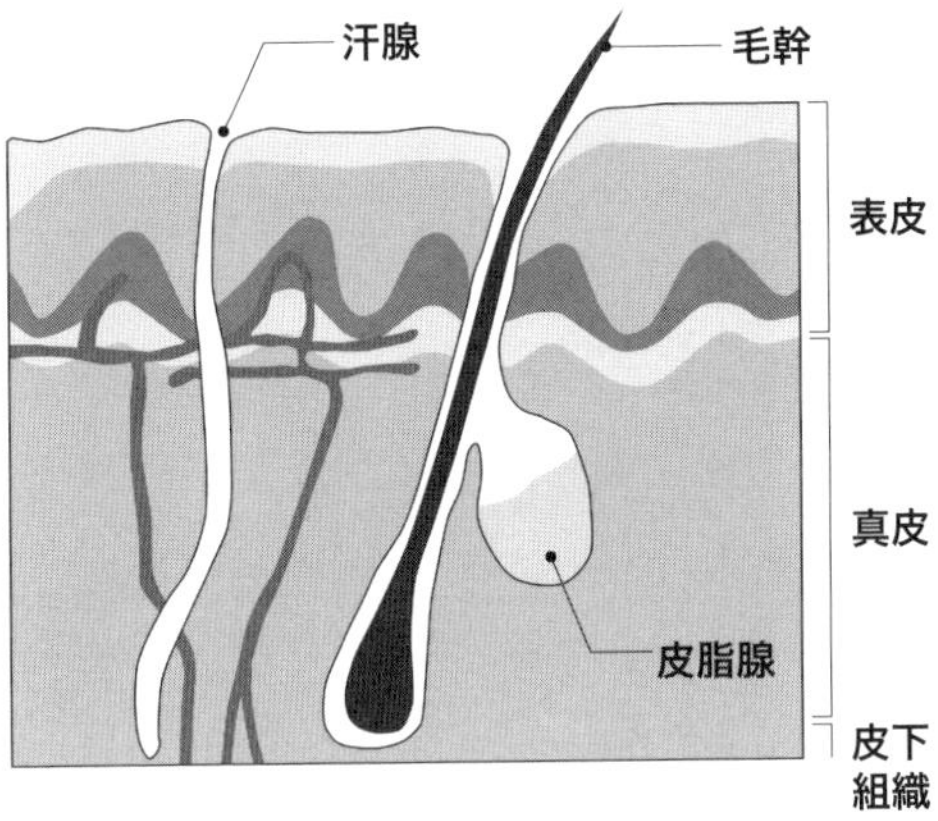

で、被害は高層階の方が大きくなります。強い風の日は目も乾きやすく、眼球表面の角膜を保護する機能も低下します。そこへＰＭ2.5が当たるので、角膜への衝撃はさらに大きくなります。

皮膚に付着した場合は、毛穴に入り込むことが考えられます。

毛穴の奥には汗腺の一種であるアポクリン腺や皮脂腺があります。これらの穴はＰＭ2.5にくらべて小さいので、ＰＭ2.5が中に入り込むということはありませんが、毛穴に溜まって、その働きを阻害することが考えられます。なお、「汗」をかく汗腺（エクリン汗腺）の大きさは、ＰＭ2.5より小さいので中に入り込んで詰まるということはありません。

花粉症を誘発したり、症状を悪化させたりするの？

ＰＭ2.5が大きく取り上げられたのは今年の2〜3月にかけてでした。例年、この時期はスギ花粉の飛散が始まり、しかも今年は前年の4倍もの飛散があるとの予測もあったことから、花粉と黄砂とＰＭ2.5のトリプルパンチでパニックのような様相を呈しました。しかも報道の中にはＰＭ2.5が花粉症をより悪化させるとのコメントもあり、症状に悩む人は恐れおののくような日々を過ごしたことでしょう。

結論から言えば、黄砂のＰＭ2.5がアレルギーを起こすことはありません。ただ、もともと花粉症の人にとっては「アジュバント」として作用することが考えられます。

アジュバントとは、薬を作る時に「補助剤」として働く成分のことです。

薬には薬効になる成分を主剤とすると、それを効きやすくする補助成分がありま す。たとえば、インフルエンザのワクチンを注射で打つときには、ワクチンが染み込みやすくするために、筋肉を柔らかくする薬を混ぜます。このようなものをアジュバントといいます。

黄砂のＰＭ2.5が花粉症に対してアジュバントとして働くという具体的なメカニズムは、いまのところわかっていませんが、ドイツやアメリカの研究ではＰＭ2.5などの微小粒子が花粉症などのアレルギー症状を悪化させることを示しています。

黄砂のＰＭ2.5自体はアレルゲンではないので、症状が悪化したのはＰＭ2.5がアジュバントとして働いたからです。

アジュバンドとして働く以外に、花粉症を悪化させるメカニズムとして、ＰＭ2.5が浮遊している花粉にぶつかることでこれを粉砕し、体内に取り込まれやすくなるという説もありましたが、これは花粉とＰＭ2.5の現実の濃度から考えて、両者がぶつかる可能性はほとんどないといえるでしょう。

花粉症などのアレルギー症状と黄砂のＰＭ2.5の関連の詳細については、今後の研究を待たなければなりません。いまのところ、症状があればアジュバントとして作用しますが、アレルギーのない人が、黄砂のＰＭ2.5が付着したり体内に取り入れたりすることで、新たにアレルギー症状を起こすことはないと考えられます。

呼吸器系疾患のある人の注意点は？

この章の最初の項目で、ＰＭ2.5が人の健康にさまざまな害を及ぼすと述べ、影響が出る部位を器官ごと大雑把に説明しました。この項以降ではもう少し詳しく見ていきましょう。まずは呼吸系の疾患からです。

ＰＭ2.5は健常な人でも大気中の濃度が高まれば、呼吸器疾患を起こし、死に至るほどの危険性が高まります。そのメカニズムは以下のとおりです。

肺には肺胞と呼ばれる球形の器官があります。一つの大きさが１００～２００㎛で肺全体の85％を占めています。肺胞の機能は、呼吸で吸い込んだ空気から酸素を取り込み、代りに血液に溶け込んでいた二酸化炭素を排出することです。いってみれば、肺胞一つひとつが肺全体の働きになるのです。ＰＭ2.5はこの肺胞に影響を及ぼします。

球形の肺胞には肺胞組織の液の表面張力によって縮もうとする力が働いています。

◆PM2.5の影響をもっとも受ける呼吸器の働き

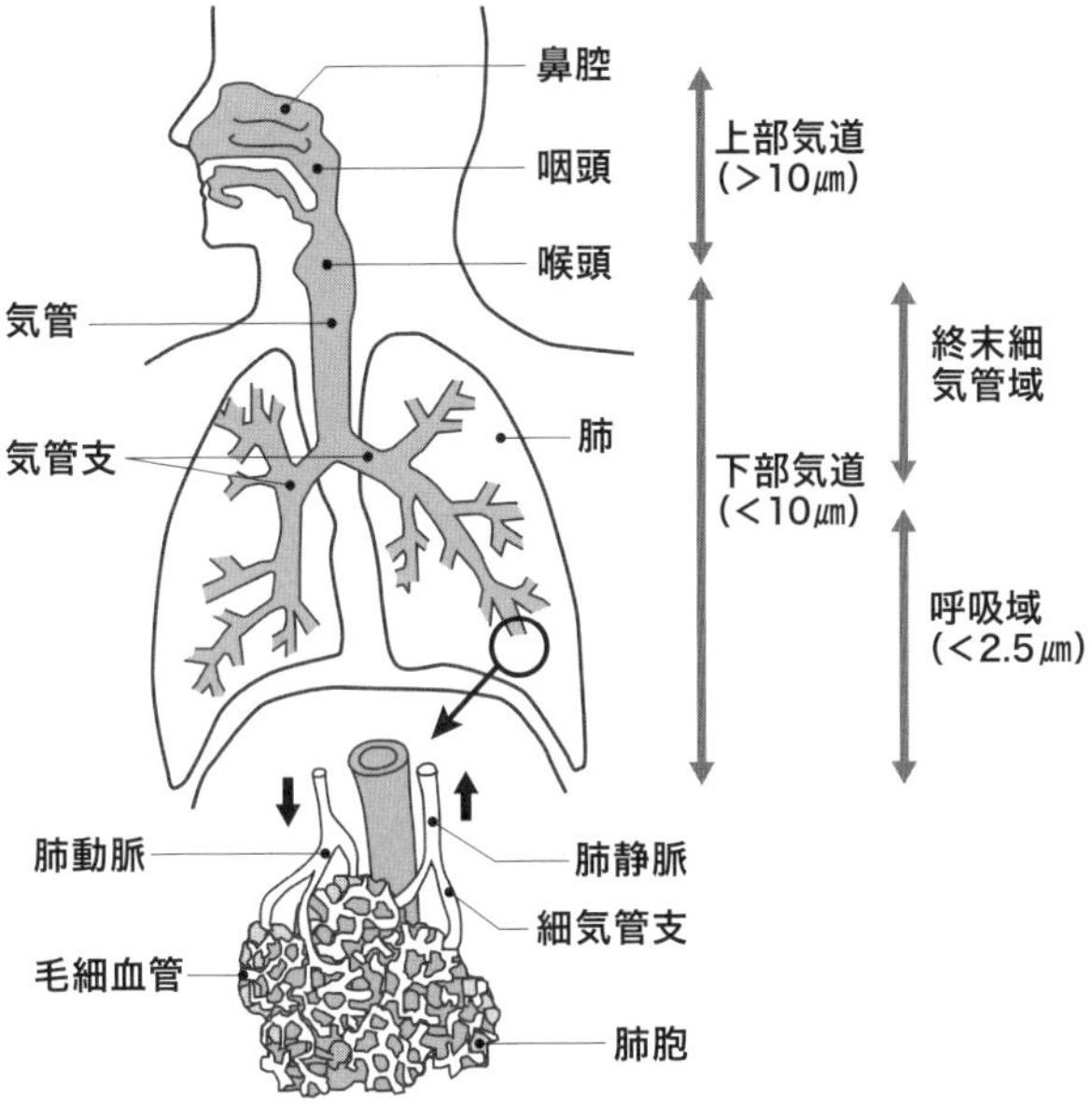

（環境省のHPより）

しかし、空気をできるだけ取り入れるのが肺胞の機能ですから、このまま縮んでは機能低下を起こします。そこで肺胞の表面には、肺サーファクタント（肺表面活性物質）という粘液が分泌され、表面張力を緩和しているのです。

２章で述べたようにＰＭ2.5は水分のある所に付着すると、表面張力により周辺の水分を吸い上げます。

肺サーファクタントにＰＭ2.5が付着すると、肺胞の表面張力のバランスが崩れて、体積の変動や機能の障害が起こります。肺胞の活動は、隣り合った肺胞と連動しているので、ひとつの肺胞に障害が起こると、周りの肺胞にも影響を与えることになります。

また、ＰＭ2.5が堅い固体として肺胞にぶつかることでも肺胞を傷つけます。その結果として、肺気腫や慢性閉塞性肺疾患（ＣＯＰＤ）のような症状を発症します。

肺気腫や慢性閉塞性肺疾患は肺胞が破壊される疾患で、自覚症状として、息切れ、咳、痰などがあるものです。なお、肺気腫患者の8割以上が喫煙者と言われます。もともと呼吸器疾患がある人がＰＭ2.5を入れてしまうと、低下している呼吸器系の機能をさらに低下させることになるのです。

呼吸によってＰＭ2.5が沈着するのは、鼻孔、咽頭、喉頭、気管、気管支、肺です。繰り返しますが、呼吸器に一度取り込んだＰＭ2.5を積極的に取り除くことはできません。とにかく体内に取り込まないことが重要です。

呼吸疾患をより悪化させる「憎悪因子」にも注意する

「憎悪因子」とは、病気の直接的な原因ではありませんが、その症状を引き起こしたり、悪化させたりする物質、気候、食品、薬物、体調などのことです。循環器系、呼吸器系、消化器系の病気ごと、それぞれ憎悪因子があります。

アメリカの研究では、ＰＭ2.5が気管支や肺などを傷つけ病気を発症させるときに、症状をより悪化させる因子として「マットレスや布団のほこり」「温度差」「乾燥」「カビ」「ペット」「ゴキブリ」などをあげています。

これらは、もともと呼吸器系の病気に対する憎悪因子ですが、ＰＭ2.5が関係する症状にも影響があるとしています。

右の例の中でわかりにくいのは「温度差」でしょう。たとえば、喘息の患者さんは気道に炎症を起こしているケースが多く、そうした人たちはタバコの煙やアレルギー物質だけでなく、空気の温度差にも敏感になっています。そんなとき急に冷たい空気を吸い込んだりすると、気道が収縮して呼吸が苦しくなります。朝方に喘息の発作が起こりやすいのは、生理的に朝方がもっとも気道が狭くなる時間帯であることに加えて、気温が低いため気道が狭まって、刺激を受けやすくなっているからです。

つまり、喘息の患者さんにとっては、タバコの煙など存在そのものが症状悪化の要因となるものだけでなく、冷たい空気という一般の人にはまったく問題のないものでさえ「憎悪因子」となるのです。

これはＰＭ2.5の場合もあてはまります。ＰＭ2.5で傷つけられた気管支や肺胞は、呼吸器系と同様の憎悪因子により症状が悪化するのです。

アメリカの子どもたち（11歳〜12歳）の研究によれば、大気汚染（ＰＭ2.5、オゾン、NOxなど）が関係する喘息の発症にもっとも関係していたのは、イヌをペットとして飼うことでした。イヌを飼うと喘息発症が30％程度増加したというのです。

アメリカでは、一般に犬を家の中で飼う習慣があるために、犬が増悪因子として高くなったのです。具体的にはペットのフケ、体毛、フンなどが、ＰＭ2.5による発症の増悪因子となるといえます。

循環器系疾患のある人の注意点は？

一般的にＰＭ2.5は、呼吸によって鼻や口から吸い込まれ、体内に取り込まれるので、疾病を生じるのは肺などの呼吸器系か、あるいは直接大気にさらされている目、皮膚と考えがちです。実際、北京などに行くと、まっさきに症状があらわれるのは目の痛みです。しかし、循環器系（血管やリンパ）に関わる疾病にも影響を与えると報告されています。

循環器系の疾患はＰＭ2.5が血管内に入り込むことで発症します。ＰＭ2.5が血管に入るなんて、にわかには信じられないかもしれませんが、十分に小さいＰＭ2.5だとあり得るのです。その経路は肺や小腸の血管にあります。

血管というと、一般の人はその文字で表されているように血を全身に流す「管」をイメージします。ところが、腸や肺の末端では外部からのモノ（＝栄養、酸素）を取り入れやすいように穴があいていていてモノの出し入れが頻繁に行われています。ただ血液と細胞の間では、その境にある毛細血管壁の穴が小さいために、血液そのもの（血球）が血管外へ流れ出すようなことはありません。本来は酸素や栄養を取り入れるために開いている穴より小さなＰＭ2.5は血管に入り込んでしまい、循環器系に障害を起こすのです。

たとえば、ＰＭ2.5が血管に入ると、免疫機能の一種であるマクロファージが働きます。マクロファージは白血球の一種で、体内に入ってきた異物を捕食して消化します。マクロファージがＰＭ2.5を捕食した後には残骸が残ります。普通これは血流によって肝臓や腎臓に送られ、不要物として大便や尿となって排泄されます。

ところが、何かの具合でうまく排泄されず血管内にとどまると、残骸の周りに、今度は白血球（リンパ球）が集まって固まり、それが血栓となってしまいます。この状態が続くと血管が細くなったり、硬くなったりして循環器系の疾患につながるのです。

ＰＭ2.5が血管に入る可能性は、肺や小腸からですが、いったん入ってしまうと障害がどこで起こるかはわかりません。ハーバード大学の疫学研究もＰＭ2.5と心疾患による死亡には因果関係があるとしています。

消化器系疾患のある人の注意点は？

消化器系の疾患としては小腸への影響があります。

ＰＭ2.5の消化器への影響を確かめるためＰＭ2.5を餌に混ぜ、これをラットに食べさせたところ、腸からの出血がありました。これはＰＭ2.5により小腸の腸管に障害が起こり、そのため出血したものです（119ページ写真参照）。

ここで、小腸のメカニズムをおさらいしましょう（次ページ図参照）。

小腸の粘膜の表面には、長さ0.5～1㎜（500㎛～1000㎛）程度の突起状の絨毛と呼ばれる器官があります。それぞれの絨毛は、さらに細かい微絨毛で覆われていて、栄養を吸収するための微小循環（毛細血管やリンパ管）があります。ＰＭ2.5は、この微絨毛から微小循環に到達してしまいます。栄養であれば溶けて吸収されますが、ＰＭ2.5は溶けないので、血管を傷つけたり、塞いだりするのです。

微絨毛のような末端の組織の場合であれば、生体は血の流れが悪くなった部分を捨

◆栄養を吸収する小腸の構造

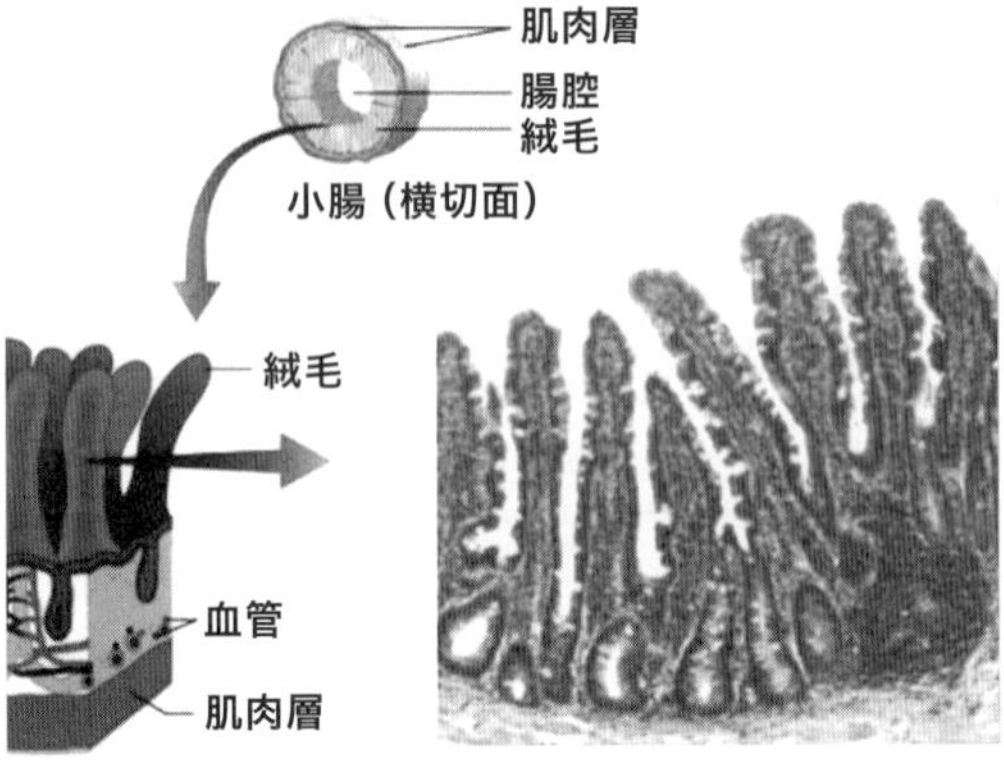

【小腸の内表面】

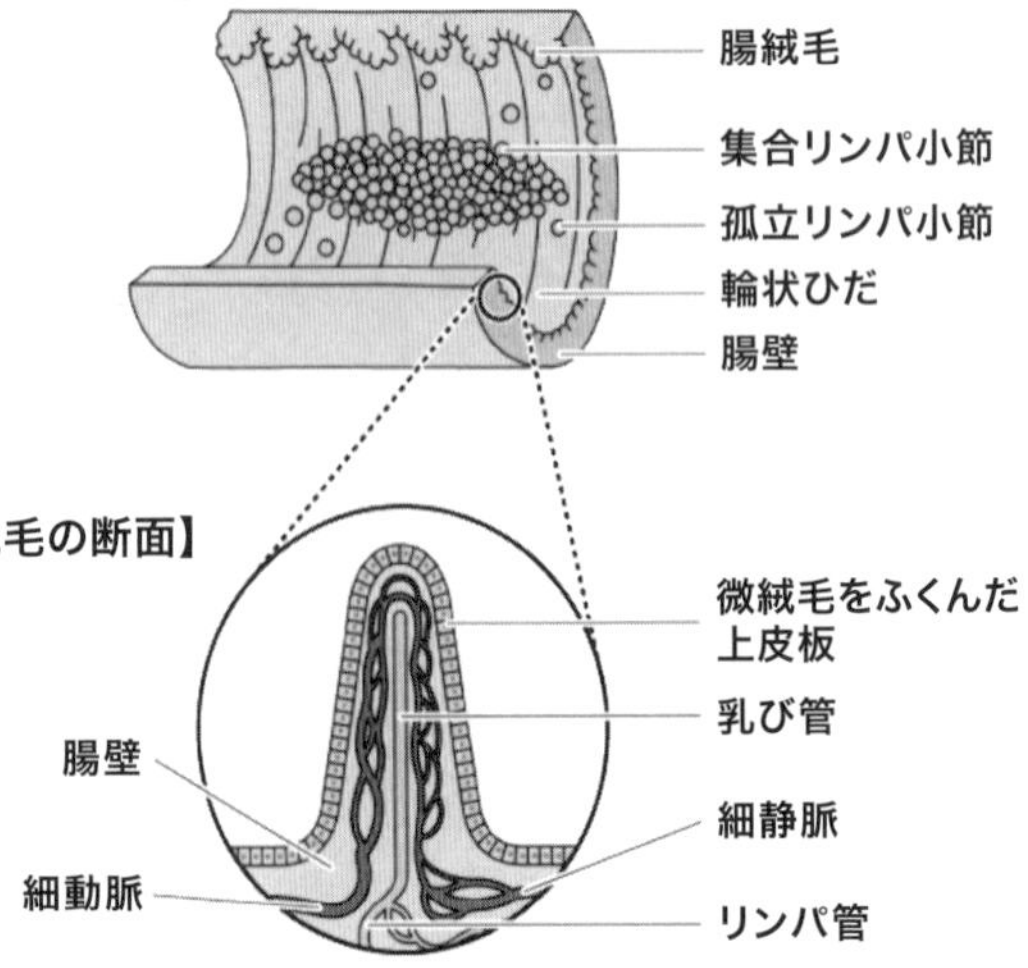

【腸絨毛の断面】

（上図は健康メガ・コムHPより。下段は中外製薬HP「からだのしくみ」より）

◆餌に混じったPM2.5を食べ下血したラット

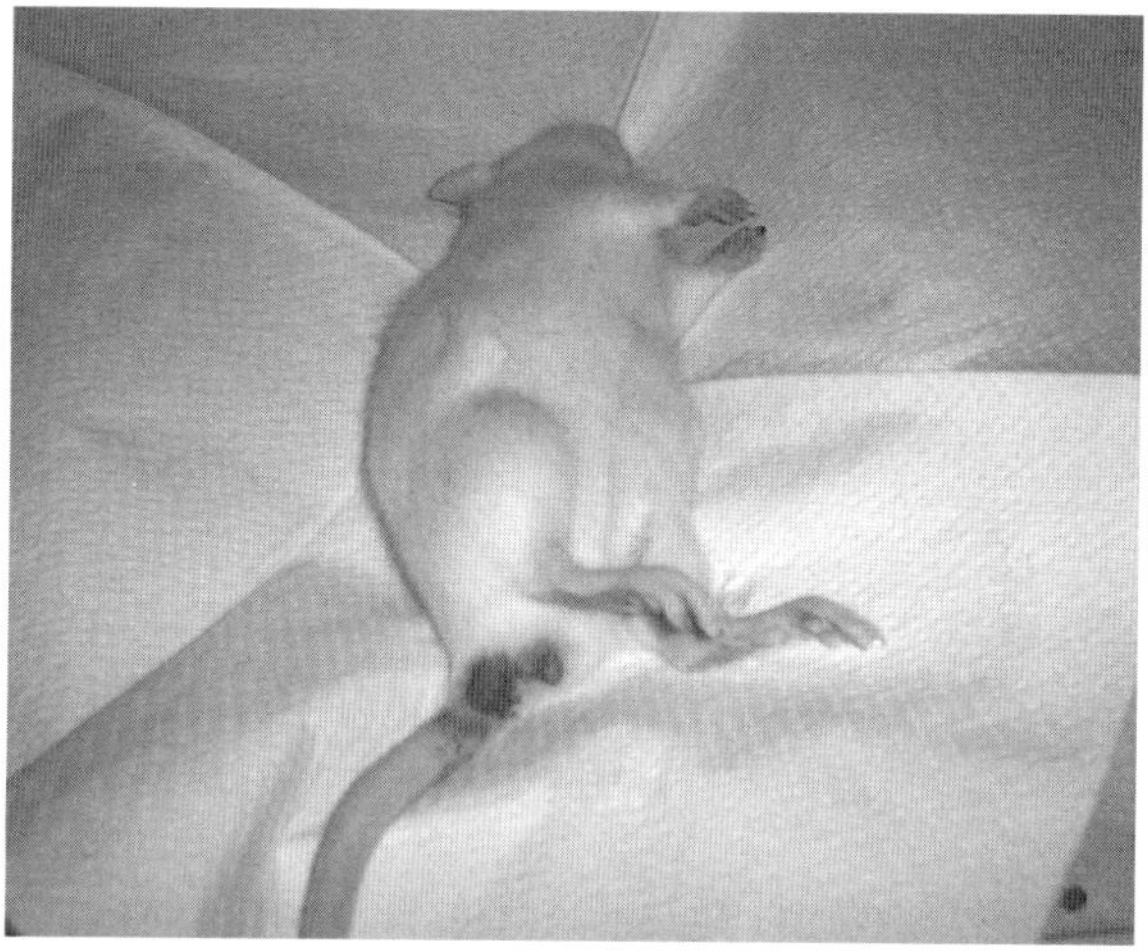

て、新たに再生するという働きで対応します。

しかし、PM2.5の量があまりにも多く、頻繁にそうしたことが起こると細胞の再生が間に合わず、腸からの出血（下血）となるのです。こうした障害の範囲が広ければ小腸の機能は阻害されて栄養の吸収ができなくなります。

しかし、こうした症状は、今のところ高濃度のPM2.5が与えられたラットの実験だけで、人間の疫学調査では報告されていません。現実的な濃度では発症の可能性は低く、あくまでPM2.5のひとつの危険性として認識するくらいでよいでしょう。

眼科系疾患のある人の注意点は？

ＰＭ2.5が呼吸に次いで身体に入る量が多い目については、硫酸や硝酸のような毒性のあるものが入ったら大変なことになりますが、毒性がなくても目に入るだけで障害を起こします。

とくに固体のＰＭ2.5の場合、ヤスリのように目を傷つけるのですが、知覚できないため、それと気づかず、いつのまにか目が真っ赤になっているということも起こりえます。

また、直接目を傷つけなくても、涙の働きを阻害し、結果として目に障害を与えます。ちなみに涙には次のような働きがあります。

・角膜への栄養補給
・瞬きのための潤滑剤
・目の保護機能

◆PM2.5を噴霧することによって眼出血を起こしたラット

・目の洗浄・消毒

ＰＭ2.5はこれらの涙の働きを阻害するのです。目の表面に付着することで、涙の表面張力のバランスを崩し、全体としての機能低下を招きます。

さらに小さいため、涙が分泌される涙腺や副涙腺をつまらせることもあるでしょう。これにより分泌量が少なくなります。

涙の働きが弱まると、角膜などをより痛めることになります。

ドライアイの人は、もともと涙の量が少ないため、眼球に付着したＰＭ2.5は流れないまま瞬きによって目を傷つけることなるのです。

こうした目への影響は、ラットの実験で明らかになっています。ＰＭ2.5の濃度を北京市の状況と同程度にした環境（煙を充満させたプラスチックケース）に、ラットを6時間ごとに30分曝露しました。すると5日目に涙が出なくなり、そのまま曝露を続けると目の出血が観察されるようになりました（前ページ写真参照）。

これは、涙を分泌する涙腺や副涙腺がＰＭ2.5で塞がれたためで、いわゆるドライアイの症状です。

中国の状況は、日本の環境基準の20倍という高濃度のため、症状がある意味はっきりと、しかも短期間で出ます。これはこれで恐ろしいことですが、何度も繰り返すように、ＰＭ2.5の怖さは知らない間に蓄積して、ある日突然発症することにあるのです。

冬場の肌荒れも実はＰＭ2.5が原因だった!?

人間の皮膚には汗の出る汗孔（汗腺）や毛穴（皮脂腺）など、無数に穴が開いています。こうした穴は、汗や脂などを体外に出すためのものですが、皮膚に付着したＰＭ2.5が、そうした穴をふさいでしまうと上手く排出できなくなり、そこから皮膚疾患になることが考えられます。

たとえば、皮膚にはランゲルハンス細胞といって免疫機能を司る細胞があります。アレルギーを引き起こすアレルゲンが皮膚に触れると、ランゲルハンス細胞の免疫機能が働いてアレルギー症状を発症するのです。

ところでアトピーの子供が大人になると、その症状が緩和することがあります。これは大人になって、皮膚の表面に油（皮脂）が出てくるため、アレルゲンが直接皮膚に触れることが少なくなるからです。子供のうちはこの皮脂を出すことができないわけです。逆に言うと、大人でも、ＰＭ2.5が皮脂腺をつまらせて、皮脂の分泌に障害を起こすと、アレルギー症状が出やすくなるわけです。ＰＭ2.5がアレルギー発症のアジュバントの役割を果たしてしまうのです。

よく冬場で、乾燥から肌がカサカサになると気にかける女性がいますが、実はＰＭ2.5によって皮脂の分泌に障害が起きていることも考えられます。

中国では、ＰＭ2.5が原因で肌が悪くなるという説もあります。ただ、もともと北京は乾燥がひどく、人間の皮膚には過酷な状況です。肌荒れの原因がＰＭ2.5によるものか、乾燥によるものかはまだはっきりしていません。

また、ＰＭ2.5が母体を通じて胎児に与える影響は、今のところないと考えられています。血管に入るにしても毛細血管までで、それ以上深く体内まで入ることは確認されていません。同じように、母乳として母親から乳児にＰＭ2.5が送られるということも、今のところないと考えられます。

PM2.5は神経細胞にも影響を与える!?

PM2.5は目に付着したり、体内に入り込こんだりして、既存の疾病を悪化させたり、新たな疾患を引き起こしたりします。そのメカニズムは、これまで述べてきたとおりですが、実際のところPM2.5が人の健康にどれだけの影響を及ぼすかについては、まだ研究の段階にあります。

たとえば神経細胞との関係です。アメリカの研究でPM2.5が神経に対する影響を検証したものがあります。

まだインビトロ(試験官実験:人工的に作られた条件下での実験)のレベルですが、培養した神経細胞にPM2.5を振りかけたところ、死滅するという結果が出ました。

この結果だけを見ると、たとえば、目に付着したPM2.5が目の神経(末梢神経)に影響を与え、さらには脊髄や脳といった中枢神経に影響を与えるのでは? などと考えてしまいます。実際にＰＭ2.5が中枢神経（脳）まで到達することはないのですが、もし、神経が直接曝露されるようなことが起きれば、実験のように神経が死ぬ（活動が停止する）ことはあるわけです。

また、死なないまでも、神経の働きに影響を与えることはあるでしょう。それは次のようなメカニズムによります。

人間の活動は、ナトリウム、カルシウム、カリウムというイオンが細胞に作用することで生じます。そのプロセスは以下のとおりです。

①細胞にナトリウムが入ることで興奮する（収縮）
②次にカルシウムが入ることで興奮状態を持続する（維持）
③そしてカリウムが外に出ることで元に戻る（弛緩）

この細胞の働きは、神経も含めてすべて同じで、人間はこうした細胞の活動によって動いています。それぞれのイオンは電気を持っているので、イオンの流れは電気信号としてとらえることができます。これらイオンの出入り口をチャネルと呼び、それそれ大きさ、形などが決まっています。

ところが、これが物理的な、たとえば非常に小さいPM2.5による衝撃で、すべて開きっぱなしになってしまうと、イオンのバランスが狂い、筋肉や臓器の動きに乱れが生じるのです。少し専門的になりますが、PM2.5によって細胞はリーク電流（漏洩電流）を流してしまい、本来の働きができなくなってしまうのです。

いまのところPM2.5の吸収による、神経系の疾患との因果関係はわかっていませんが、引き続き注意を要するテーマでしょう。

ＰＭ2.5の影響はすぐ出るもの？
それとも時間がかかるもの？

ＰＭ2.5の影響は、異物が体内に入ることによる影響です。たとえば目、皮膚など露出していて小さな器官では影響が早く出ます。

一方、肺や腸といった大きな臓器に入り込んだ場合は、影響が出るのに数ヶ月、あるいは数年といった長い年月がかかります。

消化器系の疾患の項で紹介したラット（119ページ）は3週間ほどＰＭ2.5を食べさせ続け、腸からの出血により血便がでました。さらに5週間食べさせたところ浮腫ができました。ただし、このときは大量のＰＭ2.5を与えています。

人間が自然にあるＰＭ2.5を吸い込んで、それが胃から腸へ送られたとしても、腸が影響を受けるには相当の時間がかかると考えられますし、また相当の量が必要になります。

少なくとも現在、日本で自然に曝露、吸入するＰＭ2.5の量から考えれば、ラットのような状況にはならないでしょう。

疾患への影響ではなく、遺伝子への影響はどうでしょうか。実はＰＭ2.5の遺伝子に与える影響を検証した研究が行われています。

遺伝子とはある意味で「個体に必要なタンパク質の種類とその必要な量を作り出すための情報」です。もし、遺伝子に影響があるとすれば、不要なタンパク質を大量に発生させたり、あるいは必要なタンパク質を作らないといったことが起こるわけです。

こうした遺伝子の異常を引き起こすことが、やはりラットの実験で確認されています。

実験用のラットにＰＭ2.5を大量に吸引させたところ、ある種のタンパク質を大量に発生させました。これは、ラットの身体がＰＭ2.5を異物と認識し、取り除くために酵素を必要としたことが原因です。

酵素はタンパク質から作られますが、そのためには遺伝子の情報が必要になります。通常であれば、その量は決まっています。ところが、ＰＭ2.5を大量に吸引したために、大量の酵素が必要となって遺伝子にも影響を与えたのです。

ただし、この影響は、遺伝子そのものが変わったのではなく、必要とされる量のタンパク質を作ることに影響を与えたのです。

免疫力にも同じようなプロセスで影響を与えます。免疫は自分の身体を正常に保とうとする働きです。病原菌やウイルスなどの異物を取り除き、正常な細胞がガン細胞に変質するのを防ぎ、これを元に戻そうとする、器官、組織、細胞が総合的に関係する身体の機能です。どれかひとつの働きが突出するのではなく、機能のバランスが図られています。

ところが、大量のＰＭ2.5が曝露されると、たとえばある特定の物質だけに自己防衛が過剰に働くようになると、免疫全体のバランスが崩れます。バランスが崩れれば、その他の異物に対応する免疫力が損なわれることになるのです。

医学的な治療法にはどのようなものがある？

PM2.5が原因で発症した疾患に対しては、基本的には対処療法で対応するしかありません。すなわち目が悪くなれば目の治療、肺が悪くなれば肺の治療を行うことになります。

結局、PM2.5を防ぐには生活の中で曝露を避けていくしか対策がありません。その意味では、受動喫煙や放射線被曝と同じです。身体にあたった放射線そのものを取り除く治療法はなく、放射線を浴びたことによって起こる様々な症状に対して、それぞれ治療を行うことになるのです。

放射線を大量に浴びると3年後ぐらいで白内障、5年以降に白血病を発症する恐れがありますが、いずれも発症したときに、その対処療法を行うことになります。

たとえば白内障であれば白内障の手術であり、白血病であれば骨髄移植などです。放射線被曝そのものをなかったことにする治療法はありません。

また、内部被曝に対する予防法として甲状腺被曝を抑える「安定ヨウ素剤」の服用や、放射線によって生じる活性酸素を除去するためにビタミンCの投与で、生体組織の損傷を抑えようとする対策もありますが、これも被曝そのものを排除するものではありません。

ＰＭ2.5も同様で、いまは曝露をできるだけ抑えるしかないのです。また、放射線被曝のように服用することで発症の影響を抑える薬はありません。放射線以上にＰＭ2.5には予防しかないのです。

慢性腎不全の患者などが、透析治療を行う前に服用するクレメジンという薬があります。活性炭を主成分としたもので、服用すると体内にとりこまれたＰＭ2.5を効率よく排出できるという説があります。活性炭に開いている穴がＰＭ2.5を取り込んで一緒に排出するというものですが、私たちの研究では、効果は実証されていません。

現在、ＰＭ2.5の人体への影響として危険なのは、肺、目、腸の順番です。もっとも効果的な予防方法はマスクの利用でしょう。ＰＭ2.5の脅威からどうやって身を守るかについては次章で解説します。

食べ物は大丈夫だが、調理には注意を要する

外にいる動物や、露地物の野菜、外気にさらされている植物には、大気中に漂っているＰＭ2.5が付着しています。

植物（野菜類）では、葉の表裏に付着しますが、特に裏側に多く付着しています。ただし、これらのＰＭ2.5は水洗いでほとんどが流れ落ちてしまいます。

ごく少量が残留することは考えられますが、食物として体内に入ったものは胃から腸へと消化器系の臓器にいき、呼吸器系には影響を与えません。

実は、付着したものでなくても、食べ物自身のなかにもＰＭ2.5が含まれているのです。たとえば、魚を焼くと焦げの部分ができます。これはいわゆる炭化物ですが、この焦げも、小さくなって2.5㎛以下になればＰＭ2.5になるわけです。いってみれば「高温で変質し、粉砕されてＰＭ2.5になる」というわけです。これは、車の排ガスにふくまれる炭化物からできるＰＭ2.5や、木材が燃えてできる炭化物のＰＭ2.5と作られる仕

組みは同じです。

しかし、その危険性は大きなものではありません。前述したように、食べ物は胃から腸に送られ、最後には大便となって排出される部分が多いので、肺にくらべて危険度は小さいといえます。肺は出口のない袋で蓄積してしまいますが、胃腸は出口があるので、よほど大量に摂取しないかぎりＰＭ2.5はたまりません。

食に関連したＰＭ2.5では、食べ物に付着したものより、調理中の煙、煤煙などに注意することが必要です。家庭での調理ではあまり煙を出さないでしょうが、特に職業として調理を行う人、かまどや多くの木炭を使う人（たとえば、炭火焼きのお店）は注意が必要です。木炭の燃焼は直接的にＰＭ2.5を大量に発生しますし、近くで調理するということは、それを大量に吸い込むことになります。

また、調理でミキサーを使って食材を「粉砕」することもありますが、これも当然ＰＭ2.5を発生していることになります。

column

地上に降り注ぐPM2.5の影響

●浄水場への影響

もし、PM2.5が上水道に混入して飲料水に入ると、直接消化器系に入るので危険性はより高くなります。しかし日本の上水道は非常に優秀で、飲料水からPM2.5が人の身体に入ることは考えられません。

日本の上水道は、沈殿、ろ過、消毒といった3つの過程で飲める水を作り出します。もしPM2.5が混入したとしても、沈殿の過程で、水の中に浮遊する小さな物も集めて固める薬品を入れることで沈みやすくします。さらに砂や砂利による層で水を濾して不純物を取り除いています。

最近ではこのろ過の過程に〝膜ろ過〟という技術を取り入れて、より細かい不純物を取り除いています。

〝膜ろ過〟は、小さい穴の開いた膜に水を通すことで不順物を取り除きます。穴の大きなものから精密ろ過、限外ろ過、ナノろ過、逆浸透と4段階あり、浄水場が取水する原水の環境によって膜の種類が変わります。

●動植物への影響

また、自然界における影響ですが、日本作物学会の研究では、PM2.5が植物の気孔に入ることで、植物が枯れることが報告されています。ただし、これは火山灰のように大量に降り注いだ場合で、10μg/㎥くらいでは影響はないと考えられます。また、中国の黄砂については、酸性のものでなければ、飛来する時期が冬場であり、ハウス物が多いことから影響も少なくてすみます。

野生動物も人間と同様な影響が考えられます。ただPM2.5と野生生物の関係については研究報告がなく、人間や動物実験の例から推測するしかありません。たとえば、野鳥などでは消化のために砂を一緒に食べる種類がいますが、そうなるとPM2.5を大量に取り込む可能性があり、腸の疾患を発症する可能性があるといえます。

4章

「PM2.5」の脅威から どうやって身を守るか

実は家庭内でもＰＭ2.5は発生している

ＰＭ2.5の最大の問題は、それを完全になくすことはできないということでしょう。自然由来であれ、人為由来であれ、ＰＭ2.5の発生源はどこにでもあるのです。

たとえば、アメリカの研究では家庭においてもさまざまな発生源があることがわかっています（次ページ表参照）。

もちろん、さまざまな対策でそれを軽減することはできますが、農業における土壌や肥料のように、人類にとって不可欠なものからもＰＭ2.5は発生してしまうのです。

したがって、ＰＭ2.5への対策としては、その発生を抑える一方で、発生や濃度の情報を把握して、不必要な曝露を避ける以外にありません。

これまで述べてきたようにＰＭ2.5はひとたび肺などに入ると、それが排出されることは期待できないので、できるかぎり体内に入れないようにすることです。

ＰＭ2.5の健康被害についてのアメリカの研究によると、健常者に対する被害はあまり明確にはされていません。しかし、すでに呼吸器や循環器に疾病のある人については「ハイセンシティブグループ（＝特に敏感なグループ）」として曝露の危険性を唱えています。このハイセンシティブなグループには、すでに疾患のある人の他に高齢者や幼児が含まれます。こういった人たちをどのようにして曝露から守るかが重要です。

次項以降で、ＰＭ2.5をできるだけ体内に取り込まないための工夫を紹介します。

◆家庭でも発生するPM2.5

家庭におけるPM2.5の発生源	
調理	加熱により食材が焦げるなどしてPM2.5が発生する。
車の運転	ブレーキをかけることで、タイヤが道路と接し摩耗することで発生する。
喫煙	煙には多くのPM2.5が含まれる。
ヘアドライヤー	回転等で、ホコリ等が粉砕されてPM2.5になる場合がある。
掃除機	同上。
レストランの外食	ガスや電気のオーブンでは、1012粒／分の発生が見られ、個人のPM2.5曝露量は10万粒／㎤を超える。
衣類乾燥機	乾燥して繊維がPM2.5になる場合がある。
ろうそく	煤を発生させる。
ジューサーミキサー	食材の粉砕されたものがPM2.5になる場合がある。
トースター	トーストの焦げがPM2.5になる場合がある。
ヘアアイロン	髪の毛が焦げてPM2.5になる場合がある。
蒸気アイロン	蒸気がPM2.5になる。
自家焼却	枯葉や木材は炭化物のPM2.5を発生させる。焼却するモノによっては有毒物質（ダイオキシンなど）を発生する場合もある。

（出典先：J Expo Sci Environ Epidemiol (2011) 21(1) 20-30 Wallace L and Ott W “Personal exposure to ultrafine particles.“より）

手洗い、うがいで効果はあるの？

　ＰＭ2.5は目に見えないし、臭いもしないので自分がいつ、どこで曝露したのかわからない怖さがあります。呼吸器系や循環器系に疾患のある人や幼児、高齢者は自治体などから注意が出されたときは、できるだけ外出を控えます。健常者であっても健康被害の恐れがあるのですから、以下で述べるような対策をとりましょう。

　ＰＭ2.5の影響は、呼吸によって口腔に付着した場合と、皮膚に付着した場合があります。口腔に付着したものは、それ以上飲み込むことがないように、うがいをします。

　黄砂のＰＭ2.5であれば、わざわざうがい薬を使う必要はありません。外出から戻ったらうがいをするというように、こまめな対応のほうが効果的です。

　また、皮膚に付着した場合は、すぐに洗い流すようにします。

　洗う場合も、溜めた水ではなく、流水で洗います。洗い流したＰＭ2.5は、そのまま下水から河川などに流れていきます。ＰＭ2.5の処理の仕方として、水の中に沈めてしまうのがもっとも安全です。

ＰＭ2.5の身体への付着や体内への侵入しかたは放射性物質のそれと似ています。たとえば大気中の線量（空間線量といいます）が低い場合でも、放射性物質は土に付着している場合があり、その上を歩けば舞い上げられて手や口腔に付着します。したがって、地表の放射線の濃度が高い場合は注意が必要です。

ＰＭ2.5の場合も同じことがいえます。

空中に浮遊しているだけでなく、地表に落ちているものが手に付着することもあるので、その手で鼻を触ったり目をこすったりすると、その段階で眼球に付着したり、鼻から体内に入ったりします。

ＰＭ2.5の対策は、まず、手についた物、口中にあるものを取り除き、体内への侵入を防ぐことです。次項で、気管からの侵入を防ぐマスクの話に触れます。

どんなマスクなら有効なの？　効果を高める方法は？

　ＰＭ2.5を気管から体内に取り込まないためにはマスクが有効ですが、目的にあった商品を使わないと、ただの気休めになってしまいます。

最近では、風邪ウイルス対策のもの、花粉対策のものなどいろいろありますが、ＰＭ2.5対策としては繊維の密度が濃いもの、あるいはフィルターの目が細かいものが適しています。

　ガーゼと不織布では、目の細かい不織布が良いとの説もありますが、穴の大きさがガーゼで50〜１００㎛、不織布は10㎛程度あります。ＰＭ2.5にしてみれば、どちらも十分に大きい通り道です。といって、ＰＭ2.5が通り抜けられないようなフィルターでは呼吸が困難になってしまいます。ですから、ガーゼでも不織布でも一重のものより重なっているもの。穴の大きさより、捕まえる繊維が重なり合っているもののほうが効果は高いといえます。

◆光学顕微鏡で見たマスク(上:ガーゼ、下:不織布)

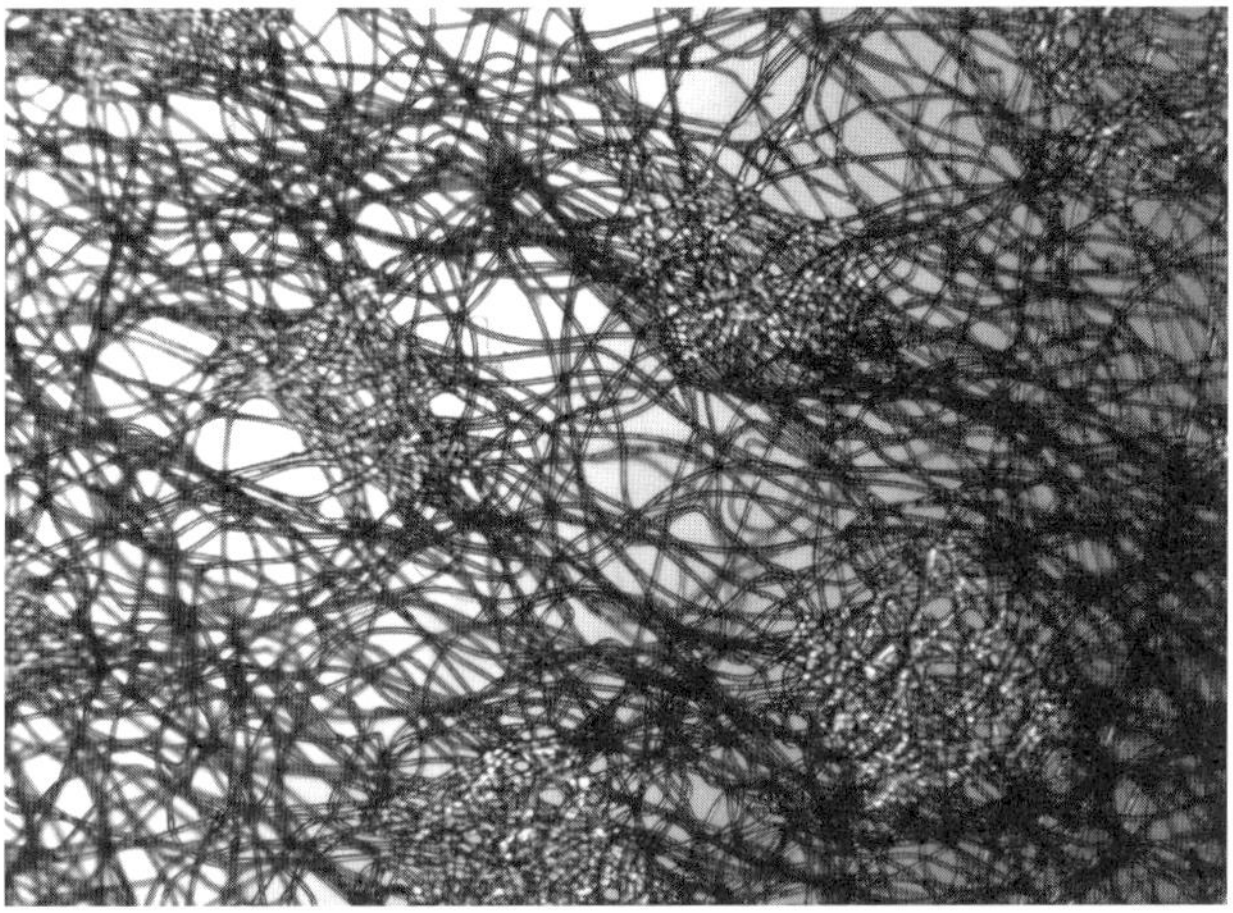

すき間だらけで効果は低い

ガーゼよりは細かいが、PM2.5にはこちらも効果は低い

またたとえ一重のものでも、いったん水に湿らせてよく絞ると効果が高まります。水分子がマスクの穴に付くことで穴の大きさを実質的に小さくするのです。ただし、呼吸は多少困難になります。

日本のマスクは世界的にも優秀で、様々なタイプが販売されています。たとえば、加湿と除湿を兼ね備えたもの。少し複雑ですが、風邪のウイルスは基本的に乾燥に弱いので乾いているほうがよいのですが、鼻や喉の粘膜を健康に保って異物を排除するためには湿度が必要になります。そこでウイルス対策のマスクとしては、外側が乾いていて内側は湿度が保てるような仕組みのものが適しています。

花粉症のマスクの場合はマスクの目が細かいか、あるいは多重構造で花粉が引っ掛かりやすくしていますが、これも、あまり細かいと呼吸が困難になります。

ＰＭ2.5であれば多層で粒子を捕捉しやすく、鼻や喉を守るためにも湿度があるものが効果が高いといえます。

目は洗浄液よりも何度も洗ったほうが効果がある

目は皮膚とともに最初にＰＭ2.5の影響を受けるところです。できるだけ付着しないようにしましょう。もし、ＰＭ2.5が発生しているところに行って、目についた可能性があったら、これを洗い流します。

ただし、目を洗う時には注意が必要です。最近、目の洗浄液などが発売されていることもあり、頻繁に目を洗う人がいますが、そうした洗浄液で洗いすぎると、目の表面を覆っているムチンという粘液まで洗い流してしまうことになります。これではかえって目を乾燥させてしまい、涙による保護効果をなくしてしまいます。その結果、ＰＭ2.5を角膜に近づけることになります。

目を洗う時には、薬剤の入っている洗浄液より水道水のほうがよいのですが、水道水には塩素が入っているのでやはり洗いすぎは禁物です。

いずれにしても目を洗うときには、顔にもＰＭ2.5が付着しているので、まず顔を洗ってから目を洗うようにしましょう。さもないと目の回りについているＰＭ2.5を逆に目に流しこむことにもなりかねません。また、涙の成分に近い目薬などを点眼することで洗い流すことも効果はあります。

基本的に注意報などが出ているときには外出を避けるのが賢明ですが、外出するときには、メガネなどでＰＭ2.5が直接目に当たることを防ぎます。

PM2.5に対する食事療法と運動療法

PM2.5の治療には対処療法しかないことを前に述べました。肺や気管支が悪くなれば呼吸器の薬を使い、血管が詰まったり、心臓の動きが悪くなったら循環器の薬を使うということです。

胃や腸などの消化管の中に入ったPM2.5を取り去る薬として、腎臓の薬で「クレメジン（活性炭）」や高コレステロール血症薬の「コレバイン（樹脂）」などが期待できるとされています。活性炭には小さな穴が開いていますから、この穴にPM2.5を取り込んで、一緒に体外に排泄させようというものです。この薬については3章で実際の効果が不明と述べましたし、そもそもこれら薬にも僅かですがPM2.5が含まれています。PM2.5を除去するためにPM2.5を飲むようなものです。イメージだけが先行しているといえます。

今後、PM2.5対策を謳った健康食品などが出回るかもしれませんが、効果の証拠が示されていないものに関心を寄せる必要はありません。

消化管に入ったＰＭ2.5を体外へ排出するには、食物繊維を十分に含んだ食事を採り、排便を確実にすることです。また、ＰＭ2.5は、身体の機能を乱す「酸化ストレス」を生むので、ビタミン類をしっかりと採ることも予防になります。

基本は、マスクをして体内に入れない、あるいは性能の良い空気清浄機などで元からＰＭ2.5をなくすということです。

呼吸をラクにする運動療法はあるのでしょうか。

肺を動かす力の75％は横隔膜で、残り25％は胸筋です。非常に太っている人は、腹の脂肪がじゃまになって横隔膜を十分使えないので呼吸が苦しくなるのです。一方、高齢者の場合は、胸筋の力が落ちるため呼吸が浅くなります。横隔膜の力は、加齢でもそうそう落ちません。

そこで、呼吸をきちんとして息苦しくならないようにするには、腹の脂肪を取って横隔膜の働きを妨げないことと、胸筋の力を落とさないことです。

胸筋を鍛えるには腕の上げ下げが有効です。両腕を前に伸ばして肩の高さまで上げて下ろす。できれば1日に15分程度行うとよいでしょう。これは一度にやる必要はなく、トイレに入って座っている時など、ちょっとした時間に2〜3分やって、合計で15分になればかまいません。また、湯船に浸かりながら、湯の中で拍手をすると、湯の負荷がかかり胸筋を鍛える効果があります。

このように呼吸する力は鍛えられますが、ＰＭ2.5や異物で汚れてしまった場合は元に戻すことができません。空気のきれいなところで転地療法しても、症状をそれ以上悪化させなくするだけで、肺の病気を完全に直すことはできないのです。

何度も繰り返すようにＰＭ2.5による肺の疾患は、知らない間にゆっくりと悪化し、気づいたときには手遅れになるケースが多いので、むしろ恐ろしいといえます。

空気清浄機は換気量よりフィルターの性能で選ぶ

空気清浄機の性能は「何畳の部屋まで使用可能か」といった換気量で選びがちです。

しかし、ＰＭ2.5対策として空気清浄機を選ぶ場合に重要なのは、換気量ではなく「フィルターの性能」や「空気を循環させる能力」です。

というのも花粉とＰＭ2.5ではその大きさがまったく違うため、空気清浄機によっては花粉は取れてもＰＭ2.5は除去できない場合があるからです。

花粉は20〜50㎛とＰＭ2.5にくらべて大きく重いため、部屋のなかに入っても数分で床に落ちてしまいます。いったん床に落ちた花粉は、弱い気流では吸い込むことができません。そのため、花粉用の空気清浄機は、強い気流（循環）を起こして花粉を舞い上げ、それを吸い込む仕組みになっています。

一方、ＰＭ2.5ははるかに小さく軽いため、空中に漂っている時間が長くなります。

したがって、それほどの気流を作らなくても吸い込むことができるのです。さらに花粉に合わせたフィルターでは目が粗く、PM2.5を捉えることができません。そこで、細かい目のフィルターを備えた機器が必要になります。

最近では、病院で使用される「HEPAフィルター」と呼ばれる高性能のフィルターを備えた空気清浄機が販売されています。「HEPAフィルター」は、0.3㎛の粒子を取り除く性能があるので、PM2.5も十分取り除くことができます。

問題なのは、フィルターの寿命で、これは使用する環境でまったく異なります。家電メーカーでは、フィルターの寿命を、1日に吸う煙草の本数で示しています。最新モデルでは、1日5本の喫煙であれば10年は持つことになります。環境省の基準（35㎍／㎥）を超えない範囲であれば、PM2.5に対するフィルターの寿命は、煙草に対する性能に準拠すると考えてよいでしょう。

最近、PM2.5対策の空気清浄機としてスウェーデン製の製品が人気ですが、これは日本製品に比べてフィルター寿命が短期に設定されています。

フィルターをこまめに交換したほうがPM2.5をいつまでも部屋に置いておかないの

で安全といわれますが、そもそもＰＭ2.5には毒性はないので、フィルターに付着していればそれ以上の害を及ぼすことはありません。むしろ、どんなに能力の高い空気清浄機でもフィルターの寿命終わっていたら、ＰＭ2.5は除去できないので、空気中を循環させるだけです。

ＰＭ2.5を除去できる空気清浄機は、フィルターの目が小さいわけですから、大きな物質はより多く引っかかるわけで、それだけ詰まりやすくなります。環境整備がある程度すすんでいる日本の状況を考えると、ＰＭ2.5でフィルターの寿命が来る前に、より大きな物質によりフィルターの寿命が来るといえます。

職場でできるPM2.5対策は？

◆職場内に持ち込まない工夫をする

PM2.5への対策で、職場と家庭でもっとも違うポイントは、職場には不特定多数の人間が土足で出入りするということです。PM2.5は靴についていることが多く、それが床に落ちて、室内の空調で拡散して漂うことになります。

職場で靴を履き替えるというのはなかなかできないでしょうが、PM2.5を持ち込まないという意味では理にかなった行為です。

靴を履き替えることが難しい場合は靴拭きマットが有効ですが、敷きっぱなしで、長期にわたって交換しなければ、PM2.5を大量に留めることになります。マットは定期的な交換・洗浄が必要です。最近は粘着性のマットがありますが、これはいったん付着したPM2.5をはなさないので有効です。

そのほかの対策は、基本的に家庭と同じで、外出から帰ってきた時には衣服を払ってから会社内に入るようにするだけでも、表面についたＰＭ2.5を落とすことができます。

男性の場合は、ズボンの裾にたくさんついている可能性が高いので、上着だけでなく裾も払うようにすると効果的でしょう。

職場でも、外出のあとには、手洗い、うがい、洗眼などをしてＰＭ2.5が付着しないようにします。

また、仕事で車を使う人は、車の運転でもＰＭ2.5を浴びていることが考えられます。車は走行中にタイヤやブレーキ、道路の摩耗でＰＭ2.5を発生させています。アメリカの研究では、こうしたＰＭ2.5が外気取り入れ口などから車内に入るといいます。健康にどれだけ影響を与えるかは不明ですが、ＰＭ2.5が常に身近にあるという意識を持つことは大切です。

また、清掃業などの場合には、噴霧する薬剤（消毒剤・洗浄剤を含む）の水滴もＰＭ2.5になり得ます。プロが使う薬剤は強力なので、それがＰＭ2.5となって体内に取り込まれると非常に危険なため、防護のマスク・メガネ・手袋などを欠かさないようにします。

◆分煙を徹底する

タバコの3大有害物質といえば、ニコチン、タール、一酸化炭素で、一般的にはこれらを取り除けばよいと思いがちです。しかし、こうした有毒な成分の影響は、喫煙者に対しては大きいものの、受動喫煙者に対しては、むしろタバコの煙に含まれるPM2.5の影響が大きいのです。職場で重要なのは、PM2.5も含めた分煙の問題でしょう。

よく建物の出入り口に近いところに喫煙場所を設けている職場がありますが、これは煙を建物内に持ち込んでいるようなもの。とくにPM2.5は、ニコチンに比べて小さく軽いので、より漂うことになります。PM2.5の影響を下げるという意味ではあまり効果がありません。

完全に閉ざされた喫煙室を設けられればよいのですが、それができない場合は、喫煙コーナーなどに分煙機を設置してタバコの煙を取り除きます。この場合、分煙機の分煙の方法や設置の仕方で、ＰＭ2.5の影響が大きく異なります。

業務用の分煙機は、煙の粒子を捕まえる仕組みとして、電気的に煙の粒子をマイナスに帯電させて、プラスの集塵板に吸着させるという「電気集塵」という方法をとります。これはＰＭ2.5などの小さい粒子も除去することができますが、粒子が小さくなると、帯電させて除去するための処理時間が長くかかり、それだけ装置が大きくなり高価になります。

ＰＭ2.5はニコチンに比べて舞い上がりやすいため、気流を作るなどして吸い込むようにしないと、舞い上がったＰＭ2.5が降りてきて、それが付着することになります。

タバコの煙を除去するというと、臭いやニコチンのことを優先しがちですが、ＰＭ2.5も取り除くという視点を持つことが必要です。

タバコは1本吸っただけで環境省の基準値を超える！

前項でタバコの害について触れたのでもう少し補います。

タバコが喫煙者におよぼす直接的な害は、①タール、②ニコチンの順番です。これらは毒性が強いので、その害が顕著ですが、前述したようにPM2.5の影響も考える必要があります。というのも、タバコを吸わない非喫煙者が肺ガンになる主な原因は、タバコの煙に含まれるPM2.5といえるからです。

タバコ1本から発生するPM2.5の量は12μgになります。これが部屋にひろがると、どれだけの濃度になるかというと、次のような結果が出ています（中国での喫煙とPM2.5の関係の研究）。

①35㎡の密閉した室内で、1人目がタバコを吸い始めたら、それまで30μg／㎥の濃度が400μg／㎥に跳ね上がり、2人目が吸ったら800～1200μg／㎥にな

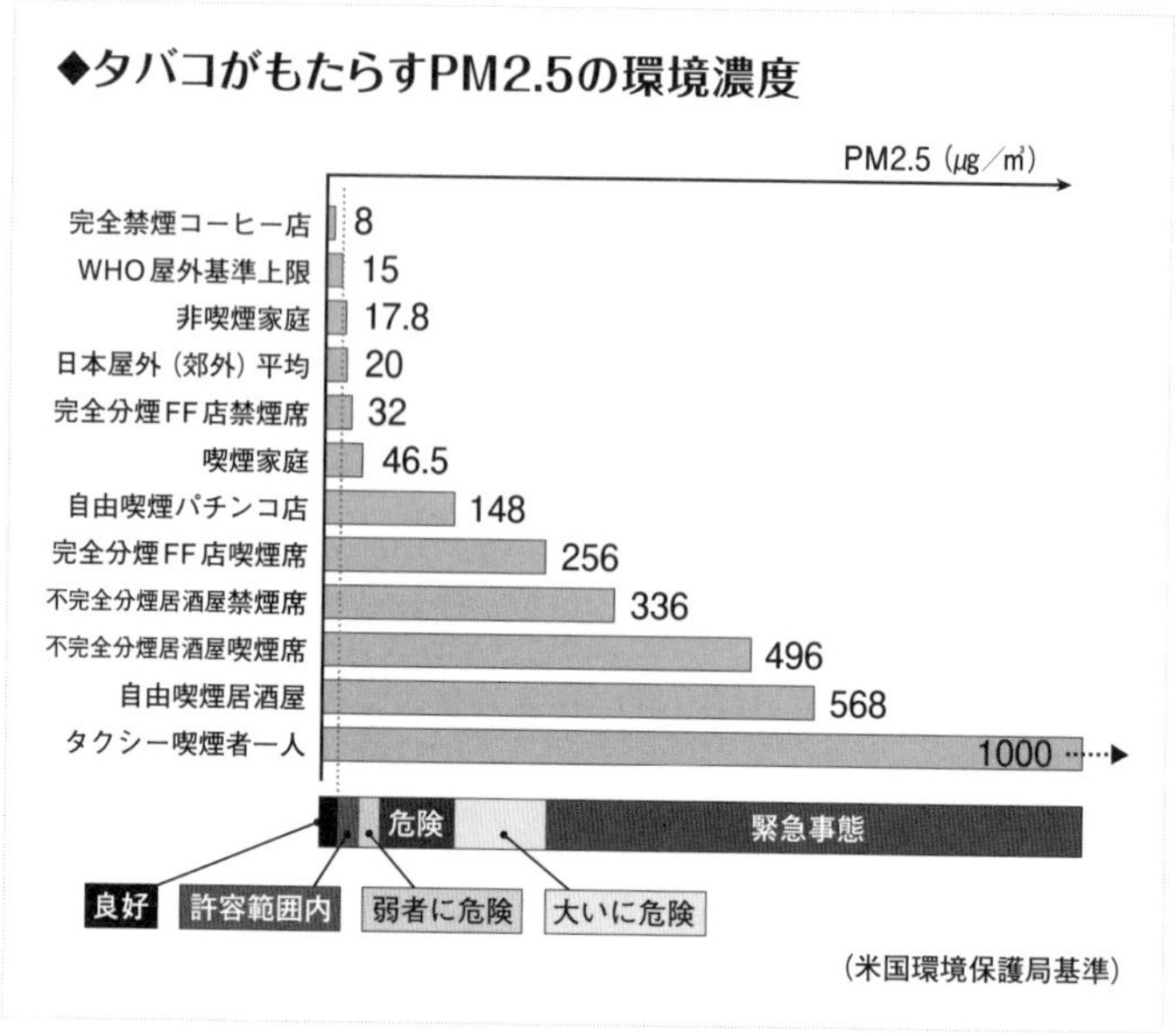

（日本禁煙学会のHPより）

り、さらに3人目が吸ったら2000μg／㎥に跳ね上がった。（首都医科大学環境衛生実験室）

②5㎡の厨房で、煙草を1本吸うと、10分で室内のPM2.5の濃度は6000μg／㎥になった。

つまり、1本吸っただけで環境省の基準どころか外出注意勧告の基準の70μg／㎥も超えたのです。

タバコによるPM2.5の影響は健康に甚大な被害をもたらすといえます。

いま話題の遠心力タイプの掃除機では効果がない!?

ＰＭ2.5は体内にいったん取り込んでしまうと排出するのが難しいので、できるだけ曝露されないよう心がけましょう。そのためにも室内に入ったＰＭ2.5はこまめに掃除して取り除くようにします。

掃除する時は、家の周りから取り除いていくことが肝心です。ベランダがあれば、まずベランダから掃除します。水で洗い流すなどして埃が舞い上がらないようにして始めます。庭に水をまくことも効果があります。

鹿児島市の桜島の灰対策では、地域が一体となって周囲の灰を清掃してから家の掃除をするようにしています。自分の家だけ掃除しても、周辺にＰＭ2.5があっては付着や体内への侵入を防ぐことが難しいからです。

部屋の中の掃除では、埃を舞い上げないようにしましょう。掃除するときにはマスクやメガネで保護します。

掃除機についてですが、最近は遠心力でゴミを吸い取るタイプのものに人気があります。こうした遠心力タイプのものは、ゴミにある程度の質量がないと遠心力がかからず吸引することができません。微小なＰＭ2.5を吸引するのは難しいといえます。また吸引したとしても、このタイプの掃除機はダストボックスにゴミを集じんする仕組みですから、ＰＭ2.5は排気とともに排出されてしまいます。遠心力タイプの掃除機ではＰＭ2.5を吸引する効果は薄いと言わざるを得ません。

洗濯物や布団の対応は、基本的に花粉と同じです。濃度が高い時には、外に干すのは避けましょう。花粉よりはるかに小さいため布団の中に入り込んでしまうのです。洗濯物や布団はＰＭ2.5に曝露させないようにします。もし外に干した場合には、十分はたいた後で取り込むようにします。

掃除などで集めたＰＭ2.5は、穴など掘って土の中に埋めることをお勧めします。不燃ごみ、可燃ごみとして出したら結局、大気中に放出されるからです。量が少ないときは下水に流せば常にウエットな状態になって舞い上がることはないので、この方法もお勧めです。

落葉樹の森がPM2.5を防ぐ

黄砂など、土壌が舞い上げられることによるPM2.5を防ぐために、植物はとても重要です。

植物は、大地に根を張ることで地面をしっかりしたものにするだけではありません。とくに落葉樹などは、地面に落ちた葉が積もって水分を保ち、土壌を湿った状態にして飛ばないようにします。また、樹木は「葉」と「樹皮」の両方でPM2.5を捕まえて飛び散らないよう保っています。森林の持つ保水力と、樹木の存在がPM2.5の発生と飛散を防ぐのです。

アメリカの北西部の森林でおこなわれた調査では、落葉樹が80%以上を占める森林にはPM2.5を減らす効果があるとされました。また、小さな葉のほうが大きな葉よりもPM2.5を捕捉し、保持する能力が大きいという研究もあります。ただし、この研究で対象となっている「大きな葉」とは、一枚の葉が大きいというだけでなく、葉が厚いものであるため、葉一枚の重さが重くなります。小さい葉を、同じ重さだけ集めて、それぞれの総表面積を比べると、小さい葉の方が面積は大きくなります。面積が大きければそれだけＰＭ2.5を捉えることができます。アメリカの研究は、葉の重量当たりでＰＭ2.5を捉える量を比較しているので、小さい葉が有利との結果がでていますが、基本的には表面積が同じなら捉える量は同じになります。

しかし、若い植物ほど、呼吸数が多いので「ＰＭ2.5」を人間のように吸い込むことになり捕捉・保持する能力は古い植物よりも高いといえます。また、同じような葉でも、葉の表面に毛状突起（毛が生えているような葉）があると、ＰＭ2.5の補足能力が上がります。これも、繊維が多重に重なったマスクのほうが有利なのと同じで、できるだけ「ひっかかる部分」が多ければＰＭ2.5を捉えることができるわけです。

人口の増加は農地や放牧地の拡大を必要として、そのためには森林を伐採し土壌を露出することになります。しかし今後は、森林が持っている、ＰＭ2.5を発生させない、飛散させないという役目についても、十分考えていく必要があるでしょう。

column

暫定基準値の設定は事態収束のための姑息な手段!?

現在、西日本を中心に、多くの自治体が独自の監視システムを構築し、基準値を設け、警報を出す体制を整えています（次ページ参照）。しかし、そもそも国が定めた基準値あるいは暫定基準値は本当に安全なのでしょうか。

PM2.5については、国（環境省）は、これまで平成22年に「環境大気常時監視マニュアル」の改正を行い、平成23年に「成分分析ガイドライン」を策定するなどの監視体制の整備を進めてきました。

ところが今年（平成25年3月）になってPM2.5が注目されると、それまでの基準である1日平均35μg／㎥を2倍の1日平均70μg／㎥に引き上げて暫定基準値として設定したのです（34ページ下表参照）。この変更はどのような経緯で設定されたのでしょうか。

設定にあたっては、「微小粒子状物質（PM2.5）に関する専門家会合」

◆山口県のPM2.5基準

レベル区分	判断基準（μg／㎥）	日平均予測（μg／㎥）	行動の目安
III（赤） 	85超	70超	・屋外で長時間の激しい運動を控える。 ・外出をできるだけ減らす。 ・屋内換気や窓の開閉を最小限にする。 ※呼吸器系や循環器系疾患のある者、小児、高齢者等においては、体調に応じて、より慎重に行動することが望まれる。
II（黄） 	85以下〜35超	70以下	特に行動を制約する必要はないが、呼吸器系や循環器系疾患のある者、小児、高齢者等では健康、体調の変化に注意する。
I（青） 	35以下		通常の活動が可能

（山口県のHPより）

が開かれ、その報告書によると、暫定基準値は〝社会的な要請を踏まえて〟制定されたと記してあります。

　この暫定基準値というものにいつも私たちは惑わされます。すでに守るべき環境基準値がある中で、さらに暫定基準値が設けられるからです。もし、暫定基準値を設けるなら、そこには明瞭な目的と設定根拠が必要です。私は放射線を専門の一つにしており、研究者のひとりとして、福島第一原発事故直後から、福島県内で除染作業や住民向け放射線解説などの業務に携わってきました。

この福島第一原発事故処理の中で、今回と同様に被ばく限度値などが「暫定基準」という名目で目まぐるしく変わり、現場が右往左往する様子を見てきました。

放射線被ばく（外部被ばく＋内部被ばく）では、監督官庁である文部科学省が公衆（職業として放射線を取扱わない人）の被ばく限度を従来基準値の1ミリシーベルト／年から暫定基準値として20ミリシーベルト／年（生涯被ばくは100ミリシーベルトを想定）に引き上げました。

その一方で、内部被ばくについては農水省管轄の食品安全委員会が事故直後の平成23年3月に100ミリシーベルト／生涯という値を示しました。この値は平成24年4月に1ミリシーベルト／年に削減されましたが、文科省の暫定基準値が定められたことから1年以上にわたって混乱が続いたことは間違いありません。

また、これらとは別に文部科学省は、学校校庭の被ばく限度を平成23

年4月19日に暫定基準値を20ミリシーベルト／年と発表しましたが、保護者を含めた教育関係者の批判を受けて5月27日には、当面の対応として1ミリシーベルト／年に変更しました。

これにより、校庭除染を最優先としていた福島県の浜通り（海岸沿いの地方）の学校では大きな混乱が生じました。

さて、PM2.5の暫定基準値・1日平均70㎍／㎥の算出根拠は、前述の報告書では高感受性者（呼吸器系や循環器系に疾患のある者、小児、高齢者等）を含む集団について1日平均値の98パーセンタイル値（最低値を1番目として値の低い方から高い方へ並べて98％目に該当する日の平均値）が69㎍／㎥で何らかの健康影響が確認されるためとしています。

一方で、この報告書にもあるように120㎍／㎥や190㎍／㎥以上のPM2.5に対する曝露でも健康影響との関連が見られなかったとする報告も多く、なぜ今回69㎍／㎥を採用したか定かでありません。もう一つ、暫定基準値の設定根拠としてアメリカの大気質指標（AQI）が挙げられています。報告書では、このAQIで65・5㎍／㎥がAQIカテゴリーの"Unhealthy for Sensitive Groups"（敏感な人には不健康）と"Unhealthy"（不健康）の境界値になっているため、暫定基準値として70㎍／㎥を設定したと記してあります。

お気づきのように、最初の根拠の98パーセンタイル値では敏感な人たち（高感受性者）の健康影響を考慮しているのに、二番目の根拠のAQIカテゴリーでは敏感な人たちの健康影響は考慮されていないことになります。この矛盾が暫定基準値をわかり難くしているのです。

この暫定基準値自体に問題があるわけではありませんが、暫定基準値とは、しばしばこのように根拠があいまいになる可能性があります。ちなみに、今回の暫定基準値を70㎍／㎥とすることで、本年初めから観測されている日本各地のPM2.5測定値のほとんどが基準内（つまり安全域）に収まってしまいます。大変に穿った見方ですが、事態収束のための暫定基準値の設定ということもあるのかもしれません。

エピローグ――子どもたちにより良い環境を残すために

今年の5月5日、6日の両日にわたり、北九州市で行われていた日中韓の環境相会合ではPM2.5など国境をこえた大気汚染の防止対策をすすめるため、3カ国による事務レベルの情報交換を定期的に行うなどの協同声明を採択しました。本書で述べてきたように、PM2.5問題は、一国では解決がむずかしいグローバルな環境問題なのです。

2013年の1月、中国各地で激しい大気汚染が頻発し、北京をはじめ、天津、河北から安徽省など日本の国土のおよそ4倍の地域に影響が出ました。日本のテレビでもスモッグに霞む北京市内の様子や、林立するビル群を飲み込むような黄砂の映像が流されました。北京市内の観測では、700μg／㎥という日本の環境基準（35μm／㎥）の実に20倍の濃度を記録した日もあります。

これは中国が黄砂を観測し始めた1961年以降最悪の数値です。実際、この時期、呼吸器疾患の患者が急増し、医療機関で診察を受けた人の数は前年にくらべて2～3割も多かったと報告されています。

北京が特にひどくなった理由は、近郊の大気が停滞し、周辺から流入した大気汚染物質が長期にわたってとどまったためと考えられます。もともと盆地の北京市は大気が停滞しやすいのです。

もちろん、経済発展にともなう工場の稼働率の上昇や自動車の増加など今日的な理由もあります。

大気汚染を防止するには、汚染源となる物質を発生させない以外に方法がありません。いったん大気中に放出された汚染物質を回収するのは、技術的にもコスト的にも不可能だからです。放出された汚染物質は風に任せて汚染地域をひろげていくだけです。

中国では、2010年の死亡原因の15％はＰＭ2.5に由来しているという研究報告もあります。中国にとってＰＭ2.5による大気汚染はグローバルな問題である以前に死活問題なのです。

日本も含めて、今、先進国といわれている国々は長い年月をかけて大気汚染の問題に取り組んできました。短期間で急成長を遂げている中国には非常に難しい課題となっているのです。

実は同様の問題は急成長を遂げている国々に共通するものです。たとえばインドでもＰＭ2.5が発生しているのですが、日本でこれを特定することはできませんし、そもそも問題にもなりませんが、近隣諸国にとっては環境問題として対応していく必要があるでしょう。

東京都はディーゼル車の規制をしています。日本の排ガス規制は世界でも有数の高いレベルです。発電施設についても、以前は石炭でしたが、今は天然ガスが主なのでNOx、SOxが少なくなっています。さまざまな公害問題を乗り越えてきた日本の環境対策は世界のトップレベルに位置します。ただし、これ以上日本の中で対応するとなると莫大なコストがかかり、日本の基準を厳しくしてもだめで、中国からの飛来を問題にするだけではなく、汚染の元から断つ対応も必要になってきているのです。

今回のＰＭ2.5問題で注目されている越境型大気汚染に関しては、自国の政策や対策だけでは十分ではない現実が目の前にあります。

高い大気汚染対策技術を有する日本はＰＭ2.5問題に関しても、国際貢献する機会とコンテンツを有しています。とくに「世界の工場」および「世界の市場」に躍り出たアジアの国々に対し、日本は環境技術指導をできる数少ない国のひとつです。何しろ日本は、生産技術そのものだけでなく環境技術や省エネ技術を開発することが工業・鉱業でのバランスの良い発展を為し得ることを体験として知っているのですから。

しかし、現在、発展を遂げようとする国々にとって、工業・鉱業生産活動に伴って発生する社会コストに環境コストを加えることは国際競争力に影響するために一朝一夕には進みません。さらに、日本の環境技術は日本の文化を基盤にしており、ＰＭ2.5の場合には他国の生活文化にも関わってくるので、単純に受け入れられるものでもありません。

また、このようにＰＭ2.5問題は生活文化にも関わってくるので、CO_2問題のように排出権取引などを導入して市場メカニズムの中で解決する手法にも馴染みにくいのも確かです。

私たちができることは、まずはＰＭ2.5の測定値や健康被害に関する科学的データを含めて情報を世界へ発信し続けることです。そのためにも、現在の大気汚染を正しく知り、その対策を一人ひとりが考えていかなければなりません。

本書はＰＭ2.5問題の現状をまとめるために著させていただきました。私たちは環境問題について、現状の問題だけでなく、将来を見据えた行動と判断を下す必要があります。問題の本質を社会との関わりから理解すること（社会的認知）と科学的な意味で理解すること（科学的認知）が不可欠になります。

古くて新しい環境問題であるＰＭ2.5についても、もっと国民の認知が広がり、その規制等について、国民全体で議論がなされることを強く願います。それが私たちの子どもたちのために、より良い環境を残す使命を担う私たちの義務かもしれません。

井上　浩義

参考資料

◆大気汚染測定結果(東京都環境局)

http://www.kankyo.metro.tokyo.jp/air/air_pollution/result_measurement.html

◆微小粒子状物質(PM2.5)対策(東京都環境局)

http://www.kankyo.metro.tokyo.jp/air/air_pollution/PM2.5/index.html

◆微小粒子状物質(PM2.5)に関する情報(環境省)

http://www.env.go.jp/air/osen/pm/info.html

◆環境規制と燃料品質動向(『石油便覧』(JX日鉱日石エネルギー)

http://www.noe.jx-group.co.jp/binran/part01/chapter06/section02.html

◆Air Quality Index

http://www.airnow.gov/index.cfm?action=aqibasics.aqi

◆第7回微小粒子状物質検討会(東京都環境局)

http://www.kankyo.metro.tokyo.jp/air/conference/particulate_matter/study_committee_07.html

◆Science Portal China (科学技術振興機構)

http://www.spc.jst.go.jp/

◆Forecast for distributions of Asian dust and anthropogenic aerosols in east Asian region (九州大学応用力学研究所/国立環境研究所)

http://www-cfors.nies.go.jp/~cfors/index-j.html

◆SPRINTARS (竹村俊彦九州大学応用力学研究所)

http://sprintars.riam.kyushu-u.ac.jp/index.html

◆黄砂実態解明調査(環境省)

http://www.env.go.jp/air/dss/torikumi/chosa/index.html

◆東アジアの広域大気汚染マップ／黄砂と大気汚染物質の濃度予測分布図(国立環境研究所)

http://www-gis5.nies.go.jp/eastasia/ConcentrationMap1.php

◆New Map Offers a Global View of Health-Sapping Air Pollution (NASA)

http://www.nasa.gov/topics/earth/features/health-sapping.html

■井上　浩義（いのうえ　ひろよし）

1961年生まれ。九州大学大学院理学研究科博士課程修了後、山口大学医学部助手、久留米大学医学部教授などを経て、現在、慶應義塾大学医学部教授。理学博士、医学博士。NPO法人新世紀教育研究会・理事長。

医薬品の開発を通じて、PM2.5やナノ粒子の合成および安全性試験を1990年代から研究してきた。また、科学の社会への影響について、多くの講演や解説を行っている。慶應義塾大学医学部に赴任以来毎年ベストティーチャーに選ばれ、丁寧な講義には定評がある。新聞、雑誌などへの執筆をはじめ、「世界で一番受けたい授業」「あさイチ」「はなまるマーケット」などテレビでも活躍中。

表彰は2010年度文部科学大臣表彰科学技術賞（理解増進部門）など。

主な著書に『最先端医療機器がよくわかる本』（アーク出版）、『食べても痩せるアーモンドのダイエット力』（小学館）、『改訂版 放射線のABC』（社団法人日本アイソトープ協会）、『ナースのための読み解く薬理学』（メディカルレビュー社/分担執筆）、『知りたい！医療放射線』（慧文社/編著）などがある。

謎の物質を科学する
ここまでわかったPM2.5 本当の恐怖

2013年7月10日　初版発行

■著　者　井上　浩義
■発行者　川口　渉
■発行所　株式会社アーク出版
〒162-0843　東京都新宿区市谷田町2-23
第2三幸ビル2F
TEL.03-5261-4081　FAX.03-5206-1273
ホームページ　http://www.ark-gr.co.jp/shuppan/
■印刷・製本所　新灯印刷株式会社

ISBN978-4-86059-128-1